66일
밥상머리
대화법

* 아이의 50년을 결정하는 하루 5분 식탁 대화의 비밀 *

66일
밥상머리
대화법

김종원 지음

카시오페아
Cassiopeia

'식탁'은 어떻게 아이 삶을 키우는
'지성의 책상'이 되는가?

아이에게 최고의 환경과 경험만 주려고 노력했던 한 부모의 이야기를 소개하려고 합니다. 그날도 마찬가지였죠. 문화와 예술을 즐기기 위해 떠난 유럽 여행에서, 그 가족은 최고의 명소들을 방문했고, 고급 호텔과 식당들을 찾아 다니며 시간을 보냈습니다. 그런데 예상하지 못한 일이 일어났습니다. 새벽 비행기 시간에 맞춰서 공항으로 이동할 택시를 준비하기로 약속한 업체에서 갑자기 그게 불가능하다는 통보를 했던 것입니다.

가족은 새벽 비행기를 타기 위해서 어쩔 수 없이 대중교통을 타고 늦은 저녁 시각에 공항에 미리 도착해 노숙(?)을 해야 했죠. 그런데 그때 정말 놀라운 일이 일어났습니다. 공항 내부에 있던 모든 식당이 문을 닫아서 어쩔 수 없이 공항 의자를 식탁

삼아 미리 준비한 컵라면으로 허기를 해결할 수밖에 없었는데, 순간 어떤 최고의 식당에서도 웃거나 반응하지 않던 아이가 스스로 제어할 수 없을 정도로 행복하게 웃는 것이었습니다. 아이가 그렇게 행복하게 웃었던 기억이 없어서 더욱 놀란 부모는 "뭐가 그렇게 즐겁니?"라고 물었고, 아이는 이렇게 답했습니다.

"엄마랑 아빠랑 이렇게 라면 먹는 게 행복해서 그래요.
난 오늘 이 식사가 지금까지 살면서 먹었던
그 어떤 식사보다 멋지고 즐거워요.
이 기분 영원히 잊지 못할 것 같아요."

부모가 라면을 먹다가 헛기침을 해도 아이는 웃었고, 너무 더워서 나간 바깥에서 세찬 바람이 불어와 온몸이 흔들려도 아이는 기분 좋게 웃었습니다. "와, 바람이 진짜 시원하다!" 이전에는 아무런 영향을 주지 못했던 대화 내용에도 아이는 긍정적으로 반응했고, 새벽 비행기를 기다리는 그 초조한 시간을 오히려 행복과 사랑으로 채웠습니다. 유럽의 그 어떤 대단한 박물관이나 최고의 식당에서도 찾을 수 없었던 행복과 사랑을, 비행기를 기다리는 그 새벽 어느 날 비로소 찾을 수 있었던 거죠. 그 깊은 새벽 공항에서 나눈, 의자로 만든 식탁에서의 사소한 대화를 통해 아이의 삶은 순식간에 이렇게 바뀌었습니다. 부정적인 생각을 긍정적으로, 핑계와 변명으로 점철된 하루를 자기주도와 희망으로, 타인을 배려하지 않고 못되게 굴었던 태도를 차분하고 온화하게 말이죠. 이 기적과도 같은 변화가 전혀 생각지도 못한 새벽의 공항에서 의자로 만든 식탁을 사이에 두고 일어난 것입니다. 그 의자로 만든 식탁이 아이 삶을 키우는 지성의 책상이 된 셈이죠.

여러분은 어떻게 생각하세요? 평소 아이와 많은 이야기를 나누고 있지만, 돌아보면 생각만큼 많은 이야기를 나누지 못했다고 느끼는 이유는, 가장 중요한 이것이 빠졌기 때문입니다. 그 주인공은 바로 '식탁에서의 대화'입니다. 다른 곳과 다르게 식탁에 앉으면 이런 장점이 있죠.

1. 서로를 마주 보며 대화를 나눌 수 있다
2. 다양한 주제로 이야기가 가능하다
3. 새로운 지식으로 아이 생각을 자극할 수 있다
4. 요즘 자주 하는 아이의 생각을 알 수 있다
5. 삶의 자세를 가르치고 배울 수 있다

식탁이라는 무대가 아니라면 얻기 힘든 이 5가지 장점을 많은 가정에서 효과적으로 누리지 못하는 게 현실입니다. 이유는 매우 간단하죠. "식탁 대화가 좋은 건 나도 알고 있어, 그런데 대체 무슨 말을 어떻게 해야 하는 거야?" 그래서 매우 오랫동안 이 책을 준비했습니다. 어쩌면 이 책을 쓰기 위해 제 인생 전체가 필요했을 수도 있습니다. 제가 어릴 때 들었던 수많은 말도 여기에 담았으니까요. 66일이면 충분히 여러분 가정에서 기적을 만날 수 있습니다. 그 내용을 간단하게 소개하면 이렇습니다. 먼저 '식사 시간에 나누면 좋은 대화'를 실었고, 다음에는 '관계를 지혜롭게 맺고 유지하는 법을 알려주는 대화'를, 그리고 3장으로 '사랑하는 마음을 전하고 가족 유대감을 높이는 대화'를 소개했습니다. 4장으로는 '규칙과 질서를 알려주는 대화'를, 5장에는 '사고를 확장하고 근사한 지성인으로 키우는 대화'를, 마지막 6장에는 '자기 주도성을 키우는 대화'를 소개하면서, 아이가 66일 동안 식탁에서 이루어지는 대화를 통해 자신을 가장 근사한 존재로 바꿀 수 있도록 했습니다. 만약 지금부터 식사 시간에 아이에게 이런 이야기를 들려준다면, 아이의 삶이 앞으로 어떻게 바뀔까요? 아래 소개하는 대표적인 4가지 사례를 읽어 보시며 한번 생각해 보세요.

1. 스마트폰에만 집중하는 아이에게

"식사할 때는 스마트폰이나

음식만 바라보는 것보다는,

앞에 앉아 있는 사람을 보며

이야기를 나누는 게 중요하단다."

2. 편식을 하는 아이에게

"네가 골고루 먹어서

몸을 잘 돌봐주면,

나중에는 건강해진 몸이

너를 잘 돌봐줄 거야."

3. 식탁이라는 공간에 집중하지 못하는 아이에게

"오늘 아침에 함께 나눌

따뜻한 음식과 좋은 대화로

근사한 하루를 시작할 수 있지."

4. 도전과 시작을 두려워하는 아이에게

"상대의 이야기를 끝까지 들어보면

몰랐던 것을 이해할 수 있듯,

먹기 싫은 음식도 끝까지 씹어보면

몰랐던 맛을 느낄 수 있단다."

이렇게 식탁 위에서 우리는 얼마든지 아이의 생각을 자극할 수 있으며, 다양한 말을 통해서 아이에게 필요한 수많은 지적 감각을 가장 높은 곳으로까지 끌어올릴 수 있습니다. 여기에서 중요한 것은 식사에 집중하는 것에도 두 가지 종류가 있다는 사실입니다. 하나는 말 그대로 식사 그 자체에만 집중하는 것이고, 나머지 하나는 식사를 나누는 공간에 집중하는 것이 그것입니다. 전자는 뇌가 정지한 상태라고 보시면 됩니다. 그냥 밥을 먹는 기계의 삶이라고 보면 틀리지 않습니다. 손과 입만 움직이는 거죠. 그래서 지난 수천 년 동안 아이의 깊은 생각과 창조적인 삶을 중요하게 생각하는 부모들은 언제나 식탁에서의 대화를 가장 중요하게 생각해서, 다양한 방식으로 말을 연구하며 음식을 만드는 것 이상으로 말을 만드는 데 정성을 쏟았죠. 이제 여러분의 '식탁'을 아이 삶을 키우는 '지성의 책상'으로 만들 수 있는 소중한 말을 전합니다. 사랑하는 마음을 담았으니 사랑으로 읽어 주세요.

김종원 드림

차례

1장
식사 시간에 나누면 좋은 대화 11일

3장

사랑하는 마음을 전하고 가족 유대감을 높이는
대화 11일

4장

규칙과 질서를 알려주는
대화 11일

66일
밥상머리
대화법

식사 시간에 나누면
좋은 대화 11일

식탁 대화의 주제로 삼으면
내면을 탄탄하게 다질 수 있는
7가지 질문

아침과 점심 그리고 저녁, 부모와 자식은 함께 하루 세 끼 식사를 즐깁니다. 물론 아이가 학교에 다닌다면 점심은 따로 즐기게 되겠죠. 여러분이 느끼셨는지 모르겠지만 제가 반복한 표현이 하나 있죠. 네, 맞아요. 식탁 대화에서 가장 중요한 부분은 '즐긴다'라는 표현에 있어요. '해치운다', '먹는다', 혹은 '한 끼 때운다'라는 표현보다는 '즐긴다'라는 표현이 서로에게 좋습니다. 나머지는 어쩔 수 없이 지나가는 순간처럼 느껴지지만, '즐긴다'라는 표현은 과정을 하나하나 느끼며 경험하는 기분이 들기 때문이죠.

본격적으로 이야기를 해보죠. 아이의 성장에 식탁 대화가 중요한 역할을 한다는 사실을 알면서도, 우리는 그 시간에 서로 무엇에 대해서 말해야 하는지는 제대로 알지 못합니다. 그저 공부에 대한 이야기를 하거나, 강요와 명령이 나쁘다는 사실만 알고 있지, 무엇을 말하면 좋은지는 모르고 있지요. 연령과 상관없이 함께 나누면 아이의 내면을 탄탄하게 만들 수 있는 7가지 질문을 소개합니다.

"오늘 아침 기분이 어때?
'오늘 아침 단어' 하나 만들까?
하루종일 그 기분으로 살아보는 거야."

"다음 식사 때 먹고 싶은 반찬이 있니?
네가 맛있게 즐기는 모습을 상상하면서,
더 정성을 다해 만들어야겠다."

"요즘 뭐가 널 행복하게 하니?
혹시 그 이야기 좀 들려줄 수 있겠니?
행복은 나누면 더욱 커지는 거니까."

"최근에 어떤 고민을 많이 했어?

엄마(아빠)도 이런 고민이 있었거든.
우리 서로의 고민에 대해서 말해볼까?"

"혹시 지금 같이 식사를
즐기고 싶은 친구가 있니?
그 친구랑 어떤 이야기를 나누고 싶어?"

"우리가 즐기는 이 식사 시간을
책 제목으로 정하면 뭐라고 할 수 있을까?
왜 그렇게 생각하니?"

"아빠(엄마)가 오늘 어떤 반찬을
가장 잘 먹을 것 같니?
왜 그렇게 생각하는 거야?"

　　지난 오랜 시간 동안 식탁 대화는 명문가의 역사에서 빠지지 않고 지켜졌던 루틴과도 같은 것이었습니다. 하지만 어떤 주제로 대화를 나눴는지는 잘 모르고 있죠. 역사와 철학 등 온갖 멋진 주제도 물론 중요하지만, 그 이전에 더욱 중요한 건 서로를 향한 관심과 마음, 일상의 이야기를 공유하는 것입니다. 그게 바로 가족의 역사이자 내 삶의 철학을 구성하는 농밀한 재료가 되기 때문이죠.

"에이 바쁜 식사 시간에 무슨 대화야?", "과연 아이들이 진지하게 대답해 줄까?", "정말 아이 내면을 탄탄하게 만들 수 있을까?" 이런 식의 온갖 고민이 실천하려는 의지를 막을 수 있어요. 그래서 우리는 생각만 하는 사람과 실제로 해본 사람은 전혀 다르다는 사실을 기억할 필요가 있죠. 후자는 실패를 해도 그 경험으로 '아이만을 위한 특별한 하나'를 찾을 수 있지만, 아예 시도를 하지 않으면 무엇도 찾을 수 없습니다. 아이와 좋은 대화를 나누고 싶은 부모님들은 항상 이 말을 기억해 주세요.

✦
대화가 통하는 가정은 아름답습니다.
그건 '가족이라는 강'에 따스한 사랑이
흐르고 있다는 사실을 증명하기 때문이죠.

스마트폰을 보면서
밥을 먹는 아이의 버릇을
고치는 법

요즘 정말 많은 부모님이 이런 고민을 하고 있습니다. 백번 양보해서 다른 때는 참을 수 있지만, 최소한 밥을 먹을 때는 스마트폰을 내려놓고 식사와 가족과의 대화에 집중해 주기를 바랍니다. 하지만 현실은 참 쉽지 않습니다. 늘 같은 문제로 아이와 다투고 서로에게 못된 말을 하는 일상에 지쳐서 이제는 그냥 마음대로 하라고 방치한 가정이 많은 게 사실이죠. 하지만 이건 결코 그대로 방치할 문제가 아닙니다. 식사 예절도 중요하고, 식탁에서의 대화 역시 마찬가지로 정말 중요한 부분이기 때문입니다.

자, 그럼 대체 어떻게 해야 할까요? 이 부분에서 저는 자녀

교육에 있어서 가장 중요한 '내 아이가 진짜 고쳐야 할 부분을 제대로 찾는 법'에 대해서 알려드리려고 합니다. 어쩌면 이것이 바로 자녀교육의 본질일 수도 있습니다. 눈에 보이는 아이의 문제를 고치고 아름답게 바꾸려면, 부모에게 반드시 '그 문제의 본질적 원인'을 발견할 안목이 있어야 하기 때문입니다. 그걸 모르면 100가지 좋은 방법을 알아도 모두 소용이 없죠. 뭐가 문제인지도 모르고 있으니까, 늘 엉뚱한 답을 고르게 되기 때문입니다.

모든 자녀교육서는 묻는 사람 수준에 맞는 답만 줄 수 있습니다. 아무리 삶의 거대한 비밀이 쓰인 책이라고 해도 읽는 사람에 따라 얻어갈 수 있는 내용은 다릅니다. 아이가 밥을 먹으면서 스마트폰을 한다는 것은 '해도 되는 행동'인가요? 아니면 고쳐야 할 '틀린 행동'인가요? 일단 여기에서는 밥을 먹으면서 스마트폰을 본다는 것 자체가 '틀린 행동'이라는 사실을 알아야 하며, 다음의 과정을 통해 단 하나의 본질을 찾아 나서야 합니다.

4. 아이가 '틀린 행동'이라고 생각할 수 있는, 식사 시간에 스마트폰에 열중하기를 반복하고 있다는 사실은 무엇을 의미하나?

↓

3. 반드시 하지 말아야 할 것들에 대한 지각이 없다는 사실을 의미한다. 그럼 이제 무엇을 알려줘야 하나?

↓

2. 지금 아이에게는 무엇이 중요하고 무엇이 덜 중요한지 인식하게 만들 수 있는 말이 필요하다. 그보다 더 본질이 될 문제는 무엇인가?

↓

1. 스스로 생각하고 결심한 것들을 지켜낼 수 있는 의지력을 키울 말이 필요하다.

이렇게 반대로 결과의 본질인 1번부터 해결해야, 비로소 부모님들의 숙원이라 말할 수 있는, 4번에 적힌 식사 시간에 스마트폰에 열중한 아이를 폰에서 분리할 수 있습니다. 스마트폰에 대한 문제라고 스마트폰만 바라보면 문제는 풀리지 않습니다. 주로 이런 말들을 자주 하셨을 겁니다.

"밥 먹을 때 폰은 하지 말라고 했지! 한 번만 더 그러면 아예 부숴버린다!"

"너, 지금 나랑 장난하니? 당장 스마트폰 내려 놓고 식사에 집중해!"

이런 식의 말이 왜 통하지 않았는지 이제 아시겠지요? 현재 아이의 삶에서 나타나는 문제는 눈에 보이는 하나로만 이루어진 것이 아닐 가능성이 매우 높아요. 그래서 이렇게 본질로 계속 내려가서 1번을 만나야 하고, 거꾸로 올라가며 2번, 3번 문제를 해결해야 현재 고민하는 문제를 해결할 수 있습니다. 보통의 문제는 본질이 되는 1번만 해결하면 저절로 모든 문제가 해결되죠. 자, 이제 눈에 보이는 것만 지적하지 마시고, 제가 앞서 본질을 찾는 4단계 과정을 거친 것처럼, 제 방식을 활용해서 본질을 찾는 방식으로 접근해 주세요. 그럼 생각보다 수월하게 아이의 문제를 해결할 수 있습니다.

안 좋은 음식을 즐기거나
식탐이 심한 아이를 바꾸는
한마디 말

부모라면 아이 입에 음식이 들어가는 모습만 봐도 행복하죠. 그래서 복스럽게 먹는 모습을 보며, 계속 살이 찌는 모습을 방치하게 됩니다. 하지만 소아 비만은 생각보다 심각한 문제입니다. 소아 청소년 시기에 시작한 비만은 평생 비만으로 이어질 뿐 아니라 비만의 여러 가지 나쁜 영향을 더 일찍부터 받아서 결국 각종 만성 질환이 발생할 가능성이 높기 때문입니다.

2022년 북미 방사선 학회(Radiological Society of North America (RSNA))에서 9~10세 사이 아이들에게 비만이 뇌에 미치는 영향을 조사했는데 결과는 생각보다 심각했습니다. 무려 5169명의 아동을 관찰했는데, 비만도가 높을수록 뇌의 기능적 네트워크 연결이 낮게 나타났죠. 쉽게 말해서 인지 조절과 의사 결정 기능이 떨어진다는 말입니다.

하지만 소아 비만은 쉽게 해결할 수 있는 문제는 아닙니다. 식사를 제한하고 살을 빼는 일은 어른에게도 쉬운 문제가 아니기 때문입니다.

"그만 먹으라고 했지!"

"그런 거 자꾸 먹으면 안 좋아!"

이런 말을 하면서 아무리 따라 다니면서 막아도 쉽지 않죠.

부모의 식성이 결국 아이의 식성이 되기 때문에 부모가 먼저 모범을 보이며, 건강한 식생활을 시작하면 풀릴 수 있지만, 그렇다고 그게 확실한 답은 아닙니다. 요즘 아이들은 학교와 학원 등에 머무는 시간이 집보다 길기 때문입니다. 결국 아이 스스로 자신의 식욕을 제한하고 조절할 수 있게 해줘야 합니다. 다음에 제시하는 6가지 말을 틈이 날 때마다 아이에게 들려주시면 효과를 볼 수 있습니다.

"뭐든 적당한 선에서 멈추는 게 좋지.

물도 너무 많이 따르면 넘치잖아."

"한 끼를 때운다는 말은 좋지 않아.
아무리 상황이 좋지 않아도
좋은 마음으로 적당히 먹어야
좋은 일이 생기니까."

"머리에 멋진 지식을 넣는 것처럼,
우리 몸에도 좋은 음식을 넣어야 하지."

"모든 병은 음식에서 시작하지만,
음식이 가장 좋은 약이기도 하단다."

"음식은 먹어 치우는 게 아니라,
천천히 즐기며 행복을 쌓는 거란다."

"식사는 양이 중요한 게 아니라,
지혜롭게 즐기는 게 중요하지."

안 좋은 음식을 다량으로 섭취해서 소아 비만과 아토피로
고생하는 아이들이 많습니다. 이 부분도 아실 필요가 있죠. 바로

아이들이 지나치게 음식에 매달리는 이유 중 대부분이 스트레스 때문일 가능성이 높다는 사실입니다. 스스로도 그게 자신에게 나쁜 영향을 줄 수 있다는 사실을 알면서도, 워낙 공부로 스트레스를 많이 받아서 그걸 지우기 위해 몸에 나쁜 음식까지 치열하게 먹는 거죠.

"너 그러다가 진짜 큰일난다!"

"대체 어쩌려고 그러는 거야?"

"너 그런 거 정상이 아니야, 알아?"

이런 방식으로 대응하면 아이는 스트레스를 더 많이 받아서 상황이 악화됩니다. 최대한 자연스럽게 그리고 천천히 변화시킨다고 생각하셔야 합니다. 앞서 소개한 말을 통해 자연스럽게 좋은 음식을 적당히 즐기는 기쁨을 깨닫게 해주는 게 좋습니다. 그럼 곧 건강한 몸을 되찾고 자신을 스스로 제어할 줄 아는 아이로 성장하게 될 겁니다.

식사 시간에 들려주면 좋은
아이의 도전정신을
키우는 말

집도 넓은 게 좋고, 마당과 거실 역시도 넓은 게 좋지만 거의 유일하게 좁은 공간일수록 마음은 오히려 더 따뜻해지는 곳이 하나 있어요. 그 주인공은 바로 가족이 함께 앉아서 식사를 즐기는 식탁입니다. 좁지만 따스함을 느끼는 이유는 뭘까요? 그 '좁은 공간'에서 웃고 즐기며 서로의 마음을 나눈 소중한 경험이, 아이에게 '넓은 세상'을 살아갈 힘을 주기 때문입니다. 그 멋진 사실이 공간을 밝게 비춰주고 있으니까요.

그 공간과 시간을 행복하게 활용하려면, 아무리 일이 바빠도 최소한 하루에 한 번 이상은 가족이 함께 모여 식사를 즐기는 게 좋습니다. 아빠도 마찬가지로, 꼭 자리에 참석하는 게 좋아요. 그 시간에 나누는 대화가 아이 성장에 결정적인 영향을 주기 때문입니다. 어떤 회식이나 비즈니스 미팅보다 더 중요할 수도 있어요. 아이의 인성과 정서적인 부분, 생각의 발전과 내면의 강도 역시 식탁에서 나눈 대화로 결정이 되니까요.

오늘은 그 수많은 주제 중에서 식사 시간에 들려주면 좋은 아이의 도전정신을 키우는 말 5가지를 소개합니다. 식사 시간에는 처음 보는 식재료와 음식을 만날 기회가 자연스럽게 주어지기 때문에 이를 활용해서 아직 맛보지 못한 것들에 도전하며 지금까지는 없던 아이의 도전정신을 키울 수 있죠. 식탁에서 키운 도전정신은 식탁 바깥에서 아이가 살아가는 모든 반경에서도 적용 가능하니, 부모가 먼저 낭독과 필사로 이 말에 익숙해진 후, 가정에서 아이에게 활용해 주시면 됩니다.

"네가 혼자 어떻게 먹는다고 그래!
또 다 흘리고 난리를 치려고 그러지!"
→
"좋아, 오늘은 혼자서 먹어볼래?
조금만 조심하면 할 수 있을 거야.
하루하루 나아지는 네 모습이 기대되네."

"우리 집 식구들은 고기를 안 좋아하니까,
너도 아마 고기는 별로일 거야."

→

"우리 집 식구들은 다들 고기를 못 먹는데,
너는 다를 수도 있으니까,
한번 시도해 보는 것도 괜찮을 거야."

"딱 먹을 만큼만 가져가라고 했지!
왜 늘 많이 가져가서 남기는 거야!
음식 아까운 줄 모르네!"

→

"많이 먹고 싶은 마음은 이해해.
하지만 목표는 조금씩 늘려나가는 거야.
오늘은 어느 정도에 도전해 볼래?"

"너는 주는 걸 그냥 먹기만 하면 돼!
쓸데없이 하나하나 묻지 말고,
제대로 먹기나 해!"

→

"아, 이 음식에 대해서 궁금했구나.
이 음식은 피를 맑게 해준다고 하네.

뭐든 다 이유가 있으니 알고 먹는 게 좋지."

"이건 네 입맛에 맞지 않을 거야.
넌 맵고 짠 음식은 안 좋아하잖아."
→
"오늘 한번 시도해볼래?
지금까지 먹었던 음식과는
다른 맛을 즐길 수 있을 거야."

몸에 좋은 음식이 아이의 건강을 책임지는 것처럼, 마음에 좋은 부모의 말은 아이에게로 전해져서 아이의 미래를 가장 건강하게 만들어 줍니다. 힘들고 지친 날에는 식탁의 분위기도 표정을 따라 축 처지죠. 그런 날에는 꼭 이 말을 기억하며 다시 힘을 내주세요.

✦
세상에서 가장 좋은 음식은 부모의 말입니다.
좋은 식사 시간은 좋은 대화로 끝이 납니다.

식사 시간에 들려주면 좋은
아이의 나쁜 태도를
바꾸는 말

평일 저녁 시간에는 모습도 보이지 않다가 주말이면 나가서 놀다가 들어와서, 저녁에 모처럼 가족이 모여 식사하는 자리에서 아이들의 식사 태도가 좋지 않다고 혼내는 부모가 있습니다. 물론 나쁜 태도는 바로 고쳐야 하지만, 마치 독재자처럼 명령어만 남발한다면 식사 분위기만 망치게 될 뿐입니다.

같은 말도 얼마든지 다르게 표현할 수 있고, 굳이 지적을 하지 않아도 지혜로운 표현을 통해서 아이가 스스로 자신의 잘못된 태도를 고치게 할 수도 있습니다. 부모가 자주 실수하는 대표적인 말을 소개합니다. 이렇게 고치면 더욱 좋으니 부부가 함께 읽고 실천해 주세요.

"엄마 아빠가 분명히 경고했지,
반찬 가지고 투정하지 말라고!"
→
"내일은 어떤 반찬이 먹고 싶니?
오늘 반찬은 어제랑 뭐가 다른 것 같아?"

"처음 보는 요리도
먹으려고 자꾸 시도해야지!"
→
"이 메뉴는 처음이지?
어떤 식재료가 들어갔을 것 같아?"

"그 국 뜨거우니까
조심하라고 몇 번을 말하니!"
→
"이 국은 조금 뜨거울 거야.
어떻게 하면 안전하게 먹을 수 있을까?"

"밥 다 먹었으면

가서 숙제하고 책 읽어."

→

"아침 식사 끝내고
우리 뭐 할까?"

먹을 때 혼나면 더 서럽습니다. 식사 자리에서 아이의 잘
못된 태도를 바꾸는 일은 '혼내는 것'이 아니라, '모범을 보이는
것'이라고 생각해 주시면 좋습니다. 뭐든 과하거나 지나치면 소
용이 없습니다. 그런 말은 결국 교육도 제대로 되지 않으며, 거
기에 앉아 있는 여러 사람의 마음만 무겁게 만들 뿐이죠. 바로
이런 식의 말이 대표적으로 모두의 마음을 무겁게 만드는 표현
입니다.

"어른이 먼저 수저를 들면,
이후에 너도 식사를 시작하는 거야!"

"소리내지 말고
조용히 먹으라고 했지!"

"식탁에 팔꿈치 올리지 말고,
식탁 아래에서 다리 떨지 말라고!"

"쓸데 없는 짓 그만하고,
제발 밥 먹어라!"

"제발 밥 먹을 땐,
먹는 것에 집중하라고!"

가끔 이런 생각도 드는 게 사실입니다.

"아이들에게 좋은 이야기를 들려주고 싶었는데,
어쩌면 난 아이가 수저를 몇 번 드는지
그 숫자만 헤아리는 사람이 되었구나."

지금이라도 앞에 소개한 말을 통해서 여러분 가정에서 만날 수 있는 식탁의 분위기를 한결 따뜻하게 만들 수 있습니다. 식사를 대하는 아이의 태도 역시 그런 분위기에서 저절로 아름답게 바뀌게 되죠. 차분하게 식사를 즐기는 마음을 갖게 되면 이 모든 것은 저절로 이루어지는 변화입니다.

중요한 건 식사 그 자체를 즐길 수 있는 마음의 태도와 여유를 갖는 일이죠. 나머지는 부수적으로 일어나는 현상일 뿐입니다. 잘 생각해보세요. 본질인 식사를 즐기는 마음과 차분한 태도가 갖추어지면, 나머지는 저절로 이루어지지 않을까요. 맞아요.

그간 우리의 잔소리와 지적이 아이들의 식사 예절을 바르게 바꾸지 못한 이유는, 그 안에 있는 본질을 바꾸지 않고 포장지만 바꾸려고 했기 때문입니다.

90% 이상의 부모가 식사 시간이 아이와 좋은 마음을 나눌 수 있는 기회라는 사실을 알고 있지만, 두 번이나 세 번은커녕 하루에 한 번이라도 다 같이 모여 식사를 하는 게 참 힘듭니다. 그게 현실이죠. 하지만 그럼에도 불구하고 하루에 한 번 정도는 다 같이 모여 식사를 하는 게 좋습니다. 그런 최소한의 마음도 나누지 못한다면, 아무리 많은 돈을 벌고 높은 지위에 올라도 그 가치를 제대로 아이와 공유할 수 없을 겁니다.

Day
06

자꾸 흘리면서 먹는
아이를 바꾸는
5가지 변화의 말

자, 여기에서 중요한 건 어떤 부분일까요. 바로 '자꾸'라는 지점입니다. 몇 번 정도는 누구나 참을 수 있지만, 흘리면서 먹는 게 반복해서 이어지면 어떤 부모도 화를 참지 못하게 되죠. 반복해서 이루어지는 부정적인 상황에서 화를 제어하는 건 정말 힘듭니다. 그래서 바로 여기가 중요한 지점이라는 거죠.

이때 '부정적인 상황'을 긍정적으로 방향만 바꿔주면, 아이를 바라보며 느끼는 감정도 바꿀 수 있습니다. 이 부분을 꼭 기억하시며, 다음에 제시하는 5가지 변화의 말을 통해 자꾸 흘리면서 먹는 아이를 차분한 마음으로 바꿔주시면 됩니다.

1. 방법을 찾는 언어

"그렇게 조심성이 없어서, 앞으로 어떻게 살려고 그러니!"

이런 말은 아이의 마음을 다치게 합니다. 자꾸만 실수하고 흘리는 이유는, 반대로 그렇게 하지 않으려는 방법을 찾는 중이라고 생각하는 게 좋습니다. 노력하는 모습을 바라보며 이렇게 말하는 게 좋아요.

"흘리지 않는 방법을 찾고 있구나."

2. 차이를 찾는 언어

"친구들은 다들 조심스럽게 먹던데, 너는 언제쯤이면 좋아지는 거니?"

비교는 언제나 가장 나쁜 영향을 주는 언어입니다. 다른 아이와의 비교에서 벗어나 아이가 자신의 어제와 차이를 발견할 수 있게 해주세요. 이렇게 말하면 됩니다.

"어제보다 조금 더 나아졌네."

3. 자기 주도적 언어

"봐봐, 여기도 흘렸네. 저기도 흘렸고! 빨리 닦아야 하니 저리 비켜봐."

식사를 하는 내내 중간중간 아이가 흘린 음식을 줍고 닦아 주는 건 좋지 않습니다. 아이를 바보로 만드는 행동이죠. 아이가 스스로 자신의 생각과 몸을 움직일 수 있어야 합니다. 이렇게 말하며 자신이 흘린 건 스스로 처리할 수 있게 해주세요.

"다 먹은 이후에 스스로 닦아볼까?"

4. 집중과 몰입의 언어

"먹을 땐 딴짓하지 말라고 했지!"

가장 보기 싫은 모습이죠. 만화책을 읽으며 식사를 하고, TV 화면을 보며 간식을 먹다가 흘리면, 정말 화가 머리끝까지 납니다. 그럴 때도 역시 최대한 긍정적인 부분에 접근해서 이렇게 말하는 게 좋습니다.

"우리 먹는 것에 조금 더 집중해 보자."

5. 마음의 언어

"제발 흘리지 좀 말자! 상전이 따로 없네. 음식 해주고, 먹여주고, 치워주고!"

마음은 그렇지 않은데 자꾸만 반복해서 아이가 실수를 하고 음식을 흘리면 이런 말이 나옵니다. 그럴 때는 "어차피 흘린 건 닦아야 하니까, 좋은 마음으로 말이라도 해주자"라고 생각하며 이렇게 말하는 게 좋아요.

"흘려도 괜찮아, 또 닦으면 되니까. 다만 조금 더 식사에 집중해주면 좋겠어."

맞아요. 자꾸 반복해서 실수하고 나아지려는 의지까지 보여주지 않으면 화가 나죠. 소리치고 마음에도 없던 못된 말을 하게됩니다. 먼저 그런 여러분의 마음을 인정하면서, 가급적이면 아이의 긍정적인 부분을 발견해서 예쁜 언어로 전하는 것이 아이의 성장에 좋습니다. 가르치는 것과 윽박지르는 것은 다르고, 잘못을 알려주는 것과 분노하는 것은 다른 일입니다. 잘못한 것을 가르치기 위해 필요한 건, 긍정적인 면을 발견하려는 의지입니다.

세상에 못하고 싶은 아이는 없어요. 부모도 짜증이 나지만 아이들도 마음이 편안하지는 않을 겁니다. 언제나 실수를 저지른 뒤에는 이런 생각을 하고 있지요.

"나는 대체 언제쯤 잘할 수 있을까?"

"제대로 하는 게 정말 하나도 없네."

"혼나는 게 정말 당연하다!"

이런 패배감을 느끼지 않고, 매일 조금씩 나아지는 모습을 아이에게서 보고 싶다면, 위에서 제안한 5가지 변화의 말을 자주 들려 주세요.

✦
아이의 마음을 움직이는 단 하나의 기적은
그것을 간절히 원하는 부모의 마음입니다.
모든 것은 믿는 만큼 이루어집니다.

Day
07

아이의 편식을 고쳐주는
가능성의 언어

"김치도 좀 먹어봐,
엄마 아빠도 이렇게 잘 먹잖아."

"강아지를 너무 무서워하지 마,
엄마 아빠가 옆에 있잖아."

이런 방식의 접근이 오히려 아이가 김치를 더 안 먹게 만들고, 강아지를 더 무서워하게 만듭니다.

참고로 지금 저는 아이가 김치를 꼭 먹어야 하거나, 강아지를 꼭 좋아해야 한다고 말하는 건 아닙니다. 세상에 반드시 꼭 해야 하는 건 없으니까요. 다만 일상을 보내다 보면 내 아이가 이건 좀 먹었으면 좋겠고, 어떤 대상을 너무 두렵게 생각하지 않았으면 하는 게 있죠. 그래서 자꾸만 아이 마음을 돌리기 위해 이렇게 말하게 됩니다.

도전하는 정신과 다양성을 받아들일 수 있는 아이가 된다면, 좀 더 넓은 세상을 이해할 수 있게 되니까요. 그럴 때 주로 사용하는 방법이 이렇게 엄마와 아빠를 끌어들여서 '안정감'과 동시에 '너도 할 수 있다'라는 용기를 주는 거죠. 하지만 그 방법이 잘 통하고 있나요? 안타깝게도 아니라고 답하는 분들이 더 많을 겁니다.

이유가 뭘까요? 바로 말에 원인이 있습니다. 부모는 자신의 존재를 대화의 중심에 끌어들여서 아이가 안정감을 느끼길 바라겠지만, 아이 입장에서는 전혀 다른 기분을 느낍니다. 바로 이런 기분이죠.

'나는 김치를 정말 싫어하는 아이다.'

'나는 강아지를 정말 무서워하는 아이다.'

아이가 스스로 바뀌길 바란다면 '확정의 언어'를 가급적 쓰지 말아야 합니다. 다시 위에 제시한 말을 천천히 읽어 보세요.

"김치도 좀 먹어봐,
엄마 아빠도 이렇게 잘 먹잖아."

"강아지를 너무 무서워하지 마,
엄마 아빠가 옆에 있잖아."

'좀 먹어봐'라는 말은 아이에게 '넌 김치를 안 먹는 아이야'라고 들리고, '무서워하지 마'라는 말은 아이에게 '넌 강아지를 무서워하는 아이야'라고 들리죠.

부모가 나서서 매일 "너는 그런 아이야!"라고 확정하고 있는 겁니다. 게다가 뒤에 부록처럼 나오는 '엄마 아빠'라는 표현도 좋지 않습니다. 부모가 그런 선택을 하고 있다고, 그걸 아이에게도 강요할 수는 없으며, 자꾸만 아이를 부모에게 의지하게 만드니까요. 효과는 전혀 없이 부작용만 늘어나는 방법입니다. 이럴 때 아이를 효과적으로 바꿀 수 있는 2가지 방법을 소개합니다.

1. '확정의 언어'를 '가능성의 언어'로 바꾸기
2. '부모'를 빼고, '아이'에게만 집중하기

기적적인 빠른 변화는 쉽지 않지만, 이런 식으로 바꿔서 자꾸 이야기를 하면 매일 조금씩 분명한 효과를 볼 수 있습니다. 하나 팁을 더 드리자면 매일 운동을 해야 건강을 지킬 수 있는 것처럼, 아래에 소개하는 말을 아이에게 정기적으로 반복해서 들려줘야 더욱 좋다는 사실입니다.

"네가 한 걸음 다가가면
다른 풍경이 보일 거야."

"뭐든 처음에는 어렵지만
용기를 내서 막상 시도해보면
결국 익숙해지기 마련이지."

"한번 시도해 보는 게 어때?
입에 넣어봐야 맛을 아는 거니까."

"세상에 사소한 건 없어,
단지 가치를 발견하지 못했을 뿐이지."

"선택은 늘 네가 하는 거야.
너는 할 수도 있고,

하지 않을 수도 있어."

"까짓것 일단 시작해 보는 거야.
너라면 가능하지 않을까?"

　세상의 모든 존재와 상황에는 나름의 가치가 있습니다. 아이가 그 가치를 보며 용기 있게 다가갈 수 있다면, 이전보다 더 크고 넓은 세상을 만날 수 있겠죠. 이때 부모가 던진 확정의 언어는 오히려 "나는 할 수 없는 아이야"라는 생각을 하게 만들어 단념하게 되죠. 중요한 건 아이가 혼자 스스로 시작해서 그 과정을 하나하나 모두 경험하는 것입니다. 양치질을 한 효과는 오래가지 않죠. 매일 하루 3번 이상은 반복해서 해줘야 합니다. 위에 소개한 말도 그렇습니다. 반복해서 들려주신다면, 변화는 자연스럽게 이루어집니다.

이렇게 식사를 하느니
차라리 게임을 시키는 게
낫습니다

마치 공격하듯 음식을 허겁지겁 해치우거나, 게임이나 스마트폰 등 다른 곳에 정신이 팔려서 함께 식사를 하는 사람들과 거의 소통을 하지 않고 식사를 마치는 아이들을 보면 어떤 생각이 드세요? 단순히 아이가 게임을 오랫동안 하며, 가족 간의 대화가 없다는 것만이 문제의 전부는 아닙니다. 식사를 하는 가장 중요한 이유는 과정을 즐기기 위한 것이기 때문입니다.

식사 시간에는 그 어떤 책을 읽는 것 역시도 좋지 않습니다. 아무리 공부에 필요해도 식사할 때까지 책을 읽고 문제만 푸는 행위는 오히려 그 시간에 게임을 하는 것보다 최악입니다. 함께 식사를 즐기는 사람을 바라보는 것이 가장 지혜로운 식사의 시작이라는 사실을 기억해 주세요. 그래야 아이가 과정과 흐름을 느낄 수 있습니다.

식탁에서의 대화가 중요한 이유가 바로 여기에 있습니다. 식사 때 다른 일에만 열중하거나, 밥을 빠르게 해치우는 아이들에게 천천히 즐기며 함께 있는 사람들과 생각을 나누는 기쁨이 무엇인지 알려 주세요. 다음에 소개하는 '흐름의 언어'를 들려주시면 됩니다.

"너는 어떻게 생각하니?
음식을 허겁지겁 빠르게 먹는 것이
과연 우리 자신에게 좋은 걸까?"

"하나하나 천천히 즐기면서 맛을 음미해야
우리가 먹은 음식이 우리 몸에
좋은 영향을 줄 수 있지 않을까?"

"물론 빨리 먹어야 할 때도 있지.
하지만 그럴수록 여유를 가지렴.
네가 여유를 갖고 음식을 즐기면,
바쁘게만 느껴지던 모든 일도

네 속도에 맞춰서 차분해질 거야."

"서로에게 요즘 어떤 일이 있는지
묻고 답하면서 더 가까워지겠지.
하루를 알게 되면 이해하게 되니까."

식사는 모든 일에서 과정이 중요하다는 사실을 가장 선명하게 알려줄 수 있는 시간이자 공간입니다. 과정 하나하나에 가치를 부여하고 온몸으로 경험하며 결과를 향해서 나아가는 기쁨을 알려주는 시간이죠. 여러분도 처음에는 이 사실을 잘 몰랐겠지만, 살다 보며 절실하게 깨닫는 순간이 찾아올 겁니다.

식사 시간에 다른 곳에 신경을 빼앗긴 상태로 급하게 해치우며 살아가는 사람들은 일상에서 무엇을 하든 어지럽게 돌아가는 하루를 살아가고, 반대로 식사의 흐름을 함께 하는 사람들과 즐기면 살아가는 사람들은 아무리 복잡한 일을 맡아도 차분하게 풀어나가는 장면을 자주 보게됩니다.

빠르게 돌아가는 세상이 나쁘다는 말은 아닙니다. 식사하지 못할 정도로 바쁘게 일하는 사람도 많죠. 하지만 여기에서 우리는 내 아이가 앞으로 어떤 인생을 살길 바라는지 생각해야 합니다. 일상에 치여서 허겁지겁 살기를 바라는지, 중심을 잡고 하루를 즐기며 살기를 바라는지 말이지요.

식사를 즐기는 아이가 자기 삶도 즐길 수 있습니다. 식사를 즐기는 모든 자리가 단순히 해치우는 시간과 공간이 아닌, 함께 자리를 나누는 사람들과 아름다운 시간이 될 수 있도록 '흐름의 언어'를 들려 주세요.

유튜브와 게임에서 벗어나
책 읽는 아이로 만드는
대화법

　식당에서 혹은 각종 공공장소에서 스마트폰을 들고 있는 아이를 자주 목격하게 됩니다. 이유는 간단하죠. 부모가 지인들과 식사를 하거나 커피를 마시는 동안, 스마트폰을 들고 조용히(?) 영상을 보거나 게임을 하고 있는 거죠. 그 모습이 정말 싫지만 부모 입장에서도 사실 다른 방법이 없는 게 문제입니다.

　하지만 좋은 방법이 하나 있습니다. 바로 이 말을 일상에서 끊임없이 반복해서 묻는 거죠.

　"엄마는 식사를 하고 있을 예정인데,

너는 식사 다 마치고 뭘 할 생각이니?"

"아빠는 친구와 커피를 마시며
잠시 대화를 나눌 예정인데,
너는 그 시간에 뭘 할 생각이야?"

그럼 아이의 선택지가 늘어나게 되죠. 그림을 그린다고 하거나, 책을 읽는다고 말하는 아이도 있을 겁니다. 중요한 건 이렇게 선택할 수 있는 기회와 여지를 늘려주는 말을 적절히 던져야 한다는 겁니다. 여기에 또 하나, 중요한 게 있습니다. 가급적이면 식당이나 커피전문점에 가기 1시간 전에는 미리 아이에게 물어야 한다는 사실입니다. 갑자기 도착한 식당에서 아이가 할 일은 결국 스마트폰 하나 뿐이기 때문입니다. 아이가 읽을 거나 그릴 것을 들고 갈 수 있게, 미리 의사를 묻는 게 가장 효과적입니다.

믿기 힘들수도 있지만, 한번 시도해 보시면 그 결과에 놀라실 겁니다. 그간 아이는 스마트폰을 정말 사랑해서 잡고 살았던 것이 아니라, 자신이 무엇을 원하는지 생각한 적이 별로 없어서 가장 간단한 수단으로 스마트폰을 잡고 의지했을 수도 있습니다. 이 말을 꼭 기억해 주시고 일상에서 적절히 응용해 주세요.

"난 이걸 할 예정인데,
너는 뭘 할 생각이니?"

물론 처음에는 아이가 엉뚱한 답을 할 가능성이 매우 높아요. 당연한 과정입니다. 아이는 부모가 원하는 답만 내놓는 기계가 아니기 때문이죠. "난 게임을 할 예정인데"라고 말할 수도, "뭘 할지 나도 모르겠어"라는 허무한 답을 내놓을 수도 있어요. 그럼에도 불구하고 계속 질문해 주세요. 며칠이 걸려도 괜찮습니다. 아이가 자기만의 기호를 스스로 발견할 때까지 기다려 주시는 게 중요합니다.

저는 '기적'이라는 단어를 거의 사용하지 않습니다. 이유는 간단해요. 세상에 기적은 없다고 생각해서 그렇죠. 뭐든 하나하나 해결하는 과정이 필요하니까요. 하지만 스마트폰만 바라보며 책을 읽지 않던 아이가, 스스로 책을 읽는 삶으로 바뀔 때만은 '기적'이라는 단어를 허용합니다. 아이가 스스로 기쁜 마음으로 책을 읽는다는 것은 '기적'이라고 부를 정도로 가치 있는 행위이기 때문입니다.

"난 이걸 할 예정인데,
너는 뭘 할 생각이니?"

이 질문을 통해 아이는 스마트폰과 조금씩 멀어지며, 자신의 일상과 주변을 읽게 됩니다. 이게 과연 무엇을 의미하는 걸까요? 맞아요. 무언가를 읽게 된다는 거죠. 일상과 주변을 바라보는 것도 독서처럼 무언가를 읽는 행위라는 인식의 전환이 필요합니다.

세상에는 읽지 않는 아이를 읽게 만드는 다양한 방법이 있습니다. 굳이 언급하지 않아도 관심이 있는 부모라면 알고 계실 겁니다. 만약 그 방법으로 효과를 내지 못했다면 제가 제안하는 대화법을 활용해 주세요.

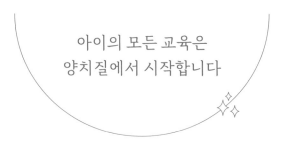

아이의 모든 교육은
양치질에서 시작합니다

충치를 일으키는 뮤탄스균은 식후 3분 동안 가장 왕성하게 활동해서 하루 3번 아침 점심 저녁을 먹은 후 3분 이내에 이를 닦아야 합니다. 누구나 아는 내용이죠. 하지만 양치질을 정해진 시각에 매일 실천하는 건 생각처럼 쉬운 일은 아닙니다. 수많은 아이들을 만나서 이야기를 나눠보면 이런 공통점이 있어요.

하루 3번 식후 3분 이내에 3분 이상 양치질을 하는 아이들은 그걸 해내지 못하는 아이와 비교할 때, 부모가 굳이 개입을 하지 않아도 삶의 다양한 영역에서 뭐든 스스로 해내고 근사하게 성취합니다.

반드시 해야 하는 것을 매일 일정하게 지키는 사람은 어떤 변화가 와도 흔들리지 않죠. 아이도 마찬가지입니다. 매일 식후 3분 안에 양치질을 하는 건 생각보다 힘든 일입니다. 바쁜 일상에서 의지를 가져야 할 수 있는 일이기 때문입니다. 게다가 하루 3번 3분 동안 같은 동작을 반복한다는 것은 아이에게는 더욱 쉽지 않은 일이죠. 그래서 양치질을 잘하는 아이에게는 이런 장점이 있습니다.

1. 반드시 해야 하는 일은 시키지 않아도 스스로 한다
2. 시간 관념이 분명해서 늘 시간을 보며 움직인다
3. 우선순위를 두고 행동하니 시간을 최대한 활용한다

어릴 때부터 양치질을 스스로 하는 연습을 시키는 게 좋습니다. 힘들고 어려운 일은 습관이 되지 않으면 해내기 힘들기 때문입니다. 이때 중요한 건 부모의 말입니다. 아이의 생각을 묻는 방식이 아닌, 지시의 의미를 담고 있어야 하죠. 예를 들면 이렇습니다.

"식사 끝났으면 양치질할까?"

아이의 생각을 존중한 말이라고 생각할 수도 있지만, 이건

매우 안 좋은 선택입니다. "싫어요!"라는 선택지를 스스로 허락한 질문이기 때문입니다.

아이가 살면서 반드시 해야 할 것을 말할 때는 선택지가 단 하나인 말로 표현해야 합니다. 그래야 혼란이 없고, 습관으로 만들 수 있어요. 바로 이런 식으로 말이죠.

"식사 끝났으면 가서 양치질하자."

아이가 양치질을 반드시 해야 하는 것으로 인식하며 습관처럼 만들 때까지 부모는 반복해서 "가서 양치질 해야지"라고 말해 줘야 합니다. 시간 개념이 없고, 뭐든 미루고 하지 않는 아이도, 양치질 교육을 통해서 순식간에 스스로를 변화시킬 수 있습니다. 하루 3번, 3분 양치질의 기적을 지금 실천해 보세요.

Day
11

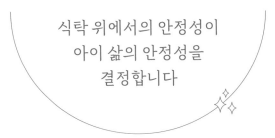

식탁 위에서의 안정성이
아이 삶의 안정성을
결정합니다

이상하게 불안하고 위태롭게 보이는 아이가 있죠. 뭘 시작
해도 제대로 끝을 맺지 못하고, 지켜보는 것만으로도 불안해서
늘 조마조마합니다. 이유가 뭘까요? 삶의 안정성이 높지 않기
때문입니다. 같은 감정을 오랫동안 유지하지 못하기 때문에 하
나를 잡고 오랫동안 시간을 보낼 수 없죠.

그런 특징을 보이는 아이들의 하루를 관찰해 보면 식탁이라
는 공간을 주시하게 됩니다. 일반적으로 이 4가지 모습을 찾아볼
수 있습니다.

1. 식사 시간에 아이만 빠르게 먹인다

2. 부모는 따로 먹거나 자신이 원하는 시간에 먹는다

3. 각자 스마트폰을 들고 식사를 한다

4. 대화가 거의 없거나 명령식의 말만 오간다

식사 시간은 일방적으로 아이의 입에 밥을 넣는 시간이 아닙니다. 또한, 스마트폰을 들고 각자 게임이나 검색 혹은 일하는 시간도 아니죠. 일과 업무가 바빠서 할 수 없다고 해도 최소한 식사 시간만은 다음 5가지 원칙을 지키는 게 좋습니다. 그래야 아이가 안정성을 높일 수 있어요.

1. 스마트폰은 약속한 자리에 내려놓는다

2. 같은 시간에 같은 자리에 앉는다

3. 명령식의 대화는 하지 않는다

4. 공부나 성적에 대한 이야기도 자제한다

5. 가르치려고 하지 않고 대화를 한다

대화의 주제에 대해서도 고민하는 분들이 많을 겁니다. 이런 식으로 사소한 일상을 긍정적인 시선으로 나누는 말이 좋습니다.

"최근에 생각보다 더 잘 된
어떤 기분 좋은 일이 있었니?"

"오늘 점심에 어떤 반찬이
가장 너를 기분 좋게 만들어줬니?"

"오늘은 몇 시에 게임을 할 계획이야?
게임할 시간을 기다리는 마음이 어때?"

"친구들이랑 무슨 이야기 나눴니?
어떤 이야기를 할 때 가장 행복하니?"

"아빠한테 듣고 싶은 이야기 없니?
네가 어떤 말을 들을 때 좋은지 궁금하다."

"오늘 하루도 우리 최선을 다했네,
이렇게 같이 식사하니까 좋다."

"표정이 행복해 보이네,
오늘 뭐하고 지냈니?"

"내일은 어떤 계획을 갖고 있니?
엄마는 이걸 할 생각인데."

식탁 위에서 나누는 긍정적인 대화가 왜 중요할까요? 평생 교육의 가치와 의미를 연구하며 살았던 대문호 톨스토이는 이렇게 현재의 가치를 전하며, 식탁 위에서의 시간이 얼마나 중요한지 알려줍니다.

♦

가장 중요한 시간은 단지 현재 뿐이고,
가장 중요한 사람은 지금 같이 있는 사람이고,
가장 중요한 일은 지금 같이 있는 사람에게
좋은 마음을 전하는 것입니다.

대화가 서툰 부모를 위한
맞춤형 6가지 식탁 대화법

배려와 기품

식탁은 그저 하나의 물건이 아닙니다. 각자의 공간으로 흩어졌던 가족이 다시 한자리로 모일 수 있는 가장 근사한 공간이 바로 식탁인 셈이죠. 식탁은 물건이 아니라, 하나의 문화 공간입니다. 식탁이 사라진 가정에는 문화가 자리 잡을 수 없죠. 그래서 식탁 대화의 장점은 결코 사소하지 않습니다. 아니, 오히려 세계적인 지성이 격돌하는 토론장에서 얻을 수 있는 것보다, 부모와 아이가 나누는 식탁 대화에서 더 근사한 것들을 발견하며 깨달을 수 있습니다. 그 방대한 것들을 크게 6개로 나누면 이렇게 구분할 수 있습니다.

1. 배려와 기품
2. 탐구와 관찰
3. 지성과 인격
4. 자제력

5. 문해력

6. 자기 주도성

배려와 기품을 하나로 엮은 이유는, 배려하는 마음을 갖게 되면
그 사람의 삶에서 저절로 기품을 느낄 수 있기 때문입니다. 2번
도 마찬가지로 탐구하는 삶을 살면 저절로 관찰을 하게 되며, 지
성과 인격을 하나로 둔 이유는 인격이 없는 지성은 쓸모가 없어
서 늘 하나로 붙어서 다녀야하기 때문이죠.

자, 그럼 식탁에서 어떤 방식의 질문으로 이것들을 아이와 나눌
수 있는지 먼저 배려와 기품부터 알아보겠습니다.

식탁은 배려와 기품을 익히기 매우 좋은 공간입니다. 함께 앉은
가족 구성원의 마음을 챙기고 돕는 일을 할 수 있기 때문입니다.
동시에 아이에게 필요한 최소한의 식사 예절까지 알려줄 수 있
으니 더욱 소중한 공간이라고 말할 수 있죠. 이런 방식의 말을
통해서 자연스럽게 아이에게 깨달음을 줄 수 있으니, 필사와 낭
독으로 여러분의 언어로 만든 이후 적용해 주세요.

"하고 싶은 말이 있다면
입에 음식이 남아 있지 않을 때까지
조금 기다렸다가 하는 게 좋아."

"반찬 투정을 부리지 않는 것이
고생해서 음식을 만든 사람에 대한 예의란다."

"식사가 다 끝났으면,
의자를 다시 처음처럼
예쁘게 밀어 넣는 거야."

"식사를 마치고 자리를 뜰 때,
음식을 준비한 사람에게 고맙다는 표현을 하면
돌아가는 네 모습이 더 근사해질 거야."

66일
밥상머리
대화법

2장

관계를 지혜롭게 맺고
유지하는 법을 알려주는
대화 11일

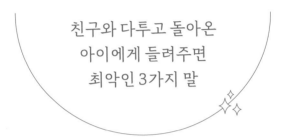

친구와 다투고 돌아온
아이에게 들려주면
최악인 3가지 말

아이들에게 친구는 어떤 존재일까요? 이 파트에서는 이 질문부터 시작하는 게 좋을 것 같습니다. 분명한 입장을 이해해야 적절한 과정과 답을 찾을 수 있으니까요. 학교나 학원 혹은 일상에서, 아이들은 친구와 일정 시간 이상을 함께 보내게 됩니다. 친구가 부모 다음으로 소중한 존재일 수 있다는 말이죠.

친구와 다투고 돌아온 날, "나 이제 그 친구랑 안 놀거야! 절교했어!"라고 강하게 말하기는 하지만, 아이들은 그 이후에도 내내 친구 생각을 합니다. 그 마음속에는 이런 바람이 있지요.

"내가 잘못한 건가? 친구의 잘못인가? 아무튼 다시 예전처럼 친해지고 싶은데 어떻게 해야 하지?" 겉으로는 강하게 반기를 들고 있지만, 속은 부모의 예상과 조금 다른 거죠. 그래서 늘 보이는 부분과 보이지 않는 부분을 모두 동시에 바라보는 게 중요합니다.

물론 다 그런 것은 아닙니다. 특별한 관계와 상황도 있으니까요. 저는 90% 이상을 차지하는 보통의 상황에 대한 이야기를 전하고 있습니다. 이 부분도 매우 중요합니다. 10% 정도의 특별한 상황 역시도 결국에는 보통의 90%의 상황에서 시작한 일이니까요. 작고 사소한 문제가 결국 커지지요. 그래서 누구든 아이의 마음을 제대로 파악하고 이해하는 것부터 시작하는 게 좋아요.

친구랑 다투고 돌아온 아이에게 많은 부모가 이런 3가지 말을 자주 들려줍니다. 여러분의 경험을 회상하며 한번 읽어 보시겠어요.

"원래 다 싸우면서 크는 거야!"

"너도 뭔가 잘못한 게 있겠지!"

"앞으로 그 친구랑 절대 놀지 마!"

그러나 앞서 살펴본 것처럼 이런 3가지 말은 아이에게 별 도움이 되지 않으며, 이건 아이가 바라는 방식의 말도 아닙니다. 하나하나 살펴보며 이야기를 전하겠습니다.

1. "원래 다 싸우면서 크는 거야!"

아이들은 싸우면서 큰다는 말이 뭔지 잘 모릅니다. 또한 엄밀하게 말해서 이 표현은 적절하지 않지요. 모든 아이들이 어릴 때 친구들과 다투면서 성장하는 건 맞지만, 이렇게 표현을 적절히 바꿔 주는 게 좋습니다.

"친구와 싸우면서 우리는
서로 마음이 다르다는
귀중한 사실을 알게 되지."

2. "너도 뭔가 잘못한 게 있겠지!"

지금 아이는 자신이 무엇을 잘못했는지 판단해 주기를 바라며 당신을 찾아온 것이 아닙니다. 얽힌 문제를 풀면서 동시에 위로를 받기 위해서 당신 앞에 선 거죠. 그 마음을 이해하는 동시에 차분하게 이렇게 말하는 게 좋아요.

"어떤 부분에서 서로 생각이 달랐니?"

3. "앞으로 그 친구랑 절대 놀지 마!"

앞서 언급한 대로 지금 아이는 친구와 놀지 않으려고 도움을 요청한 것이 아닙니다. 아이에게 필요한 것은 놀지 말라는 엄포가 아니라, 관계를 다시 회복하기 위한 좋은 방법이죠. 그건 아이 본인이 가장 잘 알고 있습니다. 이렇게 질문하며 스스로 방법을 찾게 해주세요.

"친구와 생각이 다르다는 사실을
이제 조금은 알게 되었으니까,
앞으로 너는 어떻게 할 생각이야?"

내 아이가 아끼고 소중하게 생각하는 친구 역시 내 아이라는 생각으로 이 문제에 접근하면, 조금은 수월하게 3가지 말을 아이가 이해하기 쉽게 전할 수 있습니다. 아이는 우정을 통해 세상을 살아가는 법을 배우고, 관계의 기본 원칙까지 습득하게 됩니다. 여러분이 그 시작을 이해와 애정, 그리고 좋은 마음으로 접근한다면, 모든 상황에서 아이와 대화를 나누며 좀 더 좋은 결과를 만날 수 있습니다.

Day
02

예쁘게 말하고
행동하는 아이로 키우는
기적의 한마디

"아이와 친하게 지내고 싶은데,
왜 자꾸 혼내게 되는 걸까?"

"아이와의 관계를 회복하려면,
대체 어떻게 해야 하는 거지?"

점점 사이가 나빠져서 더는 아이 때처럼 예쁘게 말하지 않
는 아이 모습을 보면 정말 마음이 아프죠. 이런 고민을 하는 부
모님이 참 많습니다. 만약 당신도 그렇다면 이 글은 당신에게 근

본적인 해결책을 제시해줄 수 있을 겁니다. 마음을 가다듬고 차분하게 읽어 주세요. 우리에게 필요한 건 바쁜 일상 속에서 중심을 잡고, 농밀하게 살아가려는 삶의 태도이니까요.

힘겨운 아이와의 시간을 행복하게 보내기 위해서는, 아이의 마음을 읽어야 하고 동시에 아이 역시도 부모의 마음을 이해하며 자신의 감정을 추스를 시간이 필요합니다. 부모 혼자서도 반대로 아이 혼자서도 할 수 있는 일이 아니라는 것을 아는 게 중요합니다. 가족 구성원 모두가 함께 노력해야만 관계를 회복하고 서로에게 좋은 마음을 전할 수 있게 됩니다.

그럼 구체적으로 어떤 방법이 있을까요? 아이는 연령에 따라서 다른 표현이 필요합니다. 아직 생각한다는 것이 무엇인지 제대로 인지하지 못하는 7살 이하의 아이에게는, 분노가 서로를 덮치려는 순간 이렇게 말하면 관계를 회복하면서 화를 덜 낼 수 있고 서로에게 예쁜 말과 행동을 보여줄 수 있죠.

"우리 열까지 세고
다시 말하자."

그리고 자신만의 생각을 다져가고 있는 7살 이상의 아이에게는 이렇게 분명하게 말하면서 자신의 생각도 돌아보며, 동시에 부모의 입장도 생각해볼 시간을 갖게 하는 게 좋습니다.

"우리 세 번 더 생각하고
다시 말하자."

　　물론 간혹 이런 제안 자체가 통하지 않는 아이도 있습니다.
그러나 그건 이 방법이 틀렸기 때문이 아니라, 받아본 적이 별로
없어서 익숙하지 않을 뿐이라는 사실을 기억하며, 아이가 제대
로 반응하지 않아도 꾸준히 시도하며 더 오래 생각하면 서로에
게 좋은 마음을 전할 더 좋은 생각을 꺼낼 수 있다는 가치를 전
하는 게 좋습니다. 다음에 제시하는 말을 대화에서 혹은 낭독과
필사로 아이와 나눠주시면, 그 가치를 이해하는 데 더욱 도움이
됩니다.

"우리 앞으로 서로에게 예쁘게 말하자.
못된 말은 우리에게 어울리지 않으니까."

"따스한 말을 할 때,
네 눈과 입술이 더 빛나는 거 알고 있니?"

"가장 아끼는 물건을 선물로 주듯,
서로에게 듣기에도 좋은 말만 전하자."

제가 운영하는 각종 SNS에 악플이 달릴 때, 저는 그 댓글을 바로 지우지 않습니다. 5분을 기다리죠. 누가 봐도 글과 관련이 전혀 없는 악플이지만 굳이 제가 5분을 기다리는 이유는 뭘까요? 그 사람에게 다시 생각할 시간을 허락해 주기 위해서입니다. 그럼 놀라운 일이 일어납니다. 20% 정도의 악플이 사라지거나 수정되어 좋은 마음이 느껴지는 글이 된다는 사실이죠. 기회를 준다는 건 그런 겁니다.

우리 예쁜 아이들에게도 마찬가지로 생각할 시간과 기회가 필요합니다. 아이들은 충동적이기 때문이죠. 어린 아이는 더 심각하게 충동적이라서, 말을 하기 전에 생각하는 법을 가르쳐야 합니다. 그 말로 인해서 앞으로 어떤 일이 생기고, 누가 상처를 입게 되는지를 생각할 시간이 필요합니다. 그럼 놀랍게도 아이는 온갖 나쁜 말과 행동을 하는 삶에서 벗어나 점점 예쁘게 말하고 행동하는 삶으로 이동합니다.

아이들이 자기 안에 있는 가장 좋은 표현과 예쁜 언어를 꺼낼 수 있게 충분한 시간을 허락해 주세요. 부모와 함께 노력하면 더욱 놀라운 효과를 기대할 수 있습니다. 분노하기 직전의 서로에게 이런 말을 들려주면, 이후에 나올 말이 바뀐다는 사실을 꼭 기억해 주세요.

✦

"우리 열까지 세고
다시 말하자."

"우리 세 번 더 생각하고
다시 말하자."

한 번 생각하고 나온 말과
세 번 생각해서 나온 말은 다릅니다.

Day
03

아이의
정서 지능을 높이는
8가지 말

　"잘했어?", "이겼어?"라는 말이 아이의 정서에 최악의 영향을 미칩니다. 이유가 뭘까요?

　모든 아이는 성장하면서 친구들과 혹은 잘 모르는 사람들과 경쟁을 하게 됩니다. 운동과 시험을 비롯해 일상에서 마주치는 다양한 곳에서 아이는 지금도 경쟁을 하고 있죠. 그런 순간을 마치고 돌아온 아이에게, 부모의 이런 말은 정서에 부정적인 영향을 미칩니다.

　"그래, 결과는 어때? 이겼어?"

"반 평균보다 높은 거야?"

"친구들보다 잘했어?"

"남들보다 빨리 해낸거야?"

"그 정도로 만족하면 안 돼!"

남들보다 잘하려고 하는 순간 아이는 넘기 힘든 벽을 실감하게 됩니다. 한번 생각해 보세요. 어떤 분야든 그 일을 잘하는 방법을 알려주는 곳은 없습니다. 단순히 '하는 방법'은 배울 수 있지만 '잘할 수 있는 방법'은 배울 수도, 또 가르칠 수도 없죠. 그건 타고난 재능의 영역이기 때문입니다. 이건 매우 중요한 사실입니다.

우리는 그저 일상에서 최선을 다해 노력할 뿐입니다. 모든 아이에게는 제각각 고유한 재능이 있죠. 무언가에 최선을 다했는데 마침 그게 아이가 보유한 재능과 겹친다면, 그 아이는 이제 그 일을 잘할 수 있게 될 겁니다. 하지만 아무도 그걸 장담할 수는 없어요. 아이의 재능이 어디에 있는지 발견하기 전까지는 말이죠.

그래서 아이에게는 '잘하는 것'이 아니라 꾸준히 '하는 것'

이 중요하고, 남을 '이기는 것'이 아닌 나를 '극복하는 것'이 더욱 중요합니다. 다음의 말을 통해서 아이에게 그 의미를 전달할 수 있으니 일상의 대화를 통해 자주 들려주시거나 필사와 낭독으로 나누어 주세요.

"결과에 크게 신경 쓰지 말자,
네가 열심히 노력한 거
우리가 다 알고 있으니까."

"네가 최선을 다했으면,
그걸로 모두 충분해."

"스스로 만족할 수 있다면,
그게 최고의 행복이지."

"네가 웃을 수 있다면,
모든 결과도 아름다운 거야."

"우리는 언제나 열심히 해낸,
네가 자랑스러워."

"네가 이룬 모든 결과를
우리는 사랑한단다."

"네가 지금까지 보낸 시간이
널 아름답게 빛내고 있어."

"언제나 최선의 기준은
네가 스스로 정하는 거야."

'최선'이라는 표현 역시 매우 신중하게 써야 합니다. 최선은 남이 아닌 내가 스스로 결정해야 하는 매우 주관적인 표현이기 때문입니다. 스스로 최선을 다했다면 그걸로 충분한 거라는 근사한 사실을 아이가 깨닫게 해주세요.

최선의 기준은 언제나 자신에게 있으며, 남을 이기거나 잘하려고 기를 쓸 필요는 없다는 사실을 마음으로 이해할 수 있어야, 아이가 온갖 실패에도 마음을 다치지 않고 반복해서 도전하며 시간을 소중하게 활용할 수 있습니다.

자기만 아는
이기적인 아이를
바꾸는 말

이런 생각이 들게 만드는 아이가 있죠.

"우리 아이는 정말 이기적이라서,
동생에게 절대 양보를 하지 않아요."

"가족이나 친구를 배려하지 않아요,
유전적으로 문제가 있는 걸까요?"

이기적인 행동과 자기만 생각해서 주변을 배려하지 않는 아이의 이유는 뭘까요? 가정에서 친절과 배려가 깃든 행동과 말을 부모에게 받아본 적이 별로 없어서 그렇습니다. 그게 뭔지 모르니 할 수도 없는 거죠.

　사람은 교육을 받지 못하면 평생 깨닫지 못하는 부분이 있습니다. 배려와 이해가 바로 대표적인 것들이죠. 배려는 정말 위대한 가치이기 때문에 아무에게서나 바랄 수 있는 덕목이 아닙니다. 지하철이나 사람이 많이 모인 해변가 등에서 우리는 그 사실을 쉽게 알 수 있지요. 배려심이 가득한 사람도 있지만 그 숫자는 매우 소수이며, 반대로 전혀 타인을 신경 쓰지 않는 사람이 다수를 차지하고 있습니다. 우리 아이들이 소수의 배려심 가득한 사람으로 성장하길 바란다면, 아래에 소개한 말을 자주 들려주세요.

"세상에서 가장 강한 힘은
근육이나 몸집의 크기가 아니라,
상대를 배려하는 마음에서 나온단다."

"어떤 강압과 통제로도 할 수 없는 일을
우리는 친절한 자세를 통해서 이룰 수 있지."

"누군가에게 좋은 마음을 주면,

우리는 하나의 생명을 살릴 수 있지.
좋은 마음은 희망을 주는 일이니까."

"수많은 사람을 다 돕는 건 불가능해,
다만 우리는 한 번에 한 사람은 도울 수 있지."

"배려는 곧 그 사람의 수준을 말해 준다.
높은 수준의 도덕성을 갖고 있어야,
누군가를 배려할 수 있기 때문이지."

"친절은 지치지 않는 파도와도 같아.
끝없이 펼쳐지며 마음에 행복을 주니까."

"지식은 배워야만 알 수 있지만,
친절한 말과 행동은 결심만 하면
지금이라도 당장 할 수 있지."

처음부터 배려심이 가득한 아이는 없습니다. 하나하나 가르치고 알려주면 아이는 그 가치를 깨닫게 되며, 실천하려는 의지를 갖게 되죠. 자기만 아는 이기적인 아이가 그렇게 모두를 내면에 담을 수 있는 큰마음의 소유자로 거듭나게 됩니다.

Day
05

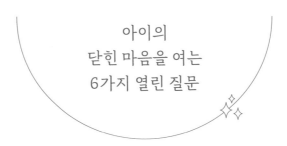

아이의
닫힌 마음을 여는
6가지 열린 질문

일반적으로 질문은 좋은 것이지만, 모든 질문이 다 좋은 것은 아니며, 아이의 마음을 여는 질문은 완전히 다르다고 말할 정도로 연습이 필요한 일입니다. '닫힌 질문'으로 우리가 얻을 수 있는 건, '단답형 대답'과 '닫힌 마음' 둘 뿐입니다. 아이의 답이 답답하다고 한탄하지 말고 자신이 늘 사방이 막혀 있는 닫힌 질문만 던진다는 사실에 아파해야 합니다. 아래에 제시한 6개의 질문을 천천히 읽어보면서, 닫힌 질문과 열린 질문이 어떻게 다른지 확인해 보시길 바랍니다.

"학교에서 뭐 배웠니?"

→

"오늘 학교에서 뭘 할 때 가장 좋았니?"

"오늘 하루는 뭐하면서 보냈어?"

→

"표정이 참 행복해 보이네.
뭐가 그렇게 널 기분 좋게 만들었어?"

"책 다 읽었니?"

→

"어느 부분이 네 눈길을 멈추게 했니?"

"친구랑 잘 놀았어?"

→

"그 친구랑 놀고 들어올 때는
유독 네 표정이 밝은 것 같아."

"빨리 와서 밥 먹자."

→

"오늘은 네가 좋아하는 반찬이 많네."

"숙제 다 했니?"

→

"어떤 숙제가 너를 힘들게 만들었니?
궁금한데, 이야기 해줄 수 있을까?"

어떤가요? 위에 제시한 닫힌 질문과 수정해서 바꾼 아래의 열린 질문을 보며 많은 생각을 하셨을 겁니다. 우리는 자신도 모르는 사이에 닫힌 질문에 익숙해져 있죠. 그게 편하고 원하는 것을 빠르게 손에 쥐어주기 때문입니다.

모든 게 다 그렇지만, 그냥 보기엔 열린 질문이 어렵게 느껴질 수도 있습니다. 눈과 입에 익숙하지 않아서 그렇습니다. 하지만 다음에 제시하는 2가지 방법을 기억하신다면, 조금은 수월하게 여러분도 아이의 마음을 여는 열린 질문을 만들 수 있습니다.

1. 머리가 아닌 마음이 느낀 것들을 질문한다

지식을 배우는 건 머리가 하는 일이지만, 좋은 것을 느끼는 일은 마음이 하는 일이죠. 그렇게 생각하면 간단합니다. 아이의 마음이 반응한 것이 무엇이었는지 살펴보시고, 그걸 질문하면 저절로 '마음을 여는 열린 질문'을 할 수 있게 됩니다.

2. 결과가 아닌 과정을 주목해서 질문한다

결과는 단 하나이고 평가의 영역이지만, 과정은 무수히 많습니다. 결론은 하나인 평가가 아닌 수많은 과정이 녹아 있는 마음의 영역이기 때문입니다. 아이의 어느 한 부분을 바라보면 과정을 더욱 잘 볼 수 있습니다. 끝을 바라보지 마시고 중간중간을 바라봐 주시면 좋습니다.

부모가 해줄 수 있는 최선의 교육은, 아이의 인생을 올바른 방향으로 이끌어갈 안목을 키워주는 것입니다. 거기에는 '열린 질문'이 더할 나위 없는 도움을 줍니다. 스스로 생각하고 질문하고 실천하는 사람으로 키우는 것, 그것이야말로 부모가 아이에게 해줄 수 있는 최선의 사랑입니다. 제대로 '열린 질문'을 할 수 있다면, 아이의 마음을 열어 원하는 모든 것을 아이에게 전할 수 있습니다.

✦

**부모가 던진 질문의 수준과 방향이
아이 삶의 깊이와 가능성을 결정합니다.**

Day
06

아이의
공감 능력을 키우는
생각하는 말

학교 생활이나 친구와의 관계에서 유독 힘겨워하는 아이가 있죠. 분명 착하고 좋은 마음을 갖고 있지만, 이상하게 세상과 잘 어울리지 못합니다. 이유가 뭘까요? 바로 공감 능력이 부족해서 그렇습니다. 물론 타인을 필요 이상으로 신경 쓰며 살 필요는 없지만, 중요한 건 그럼에도 불구하고 내가 아닌 다른 사람이 어떤 생각을 하는지 짐작하며 파악할 수는 있어야 한다는 사실이죠. 흔히 말하는 '센스'가 필요한 거죠.

공감 능력이 부족하면 쉽게 짜증을 내고 분노하게 됩니다. 상황에 대한 이해도가 낮으니 혼자 욱하는 마음이 들어 갑자기

난폭한 아이가 되고, 복수를 꿈꾸는 사람이 되기도 해요. 어쩔수 없는 노릇입니다. 자신의 생각처럼 세상이 돌아가지 않고, 그걸 제어할 힘도 없기 때문에 일어나는 일이니까요. 다음에 소개하는 '생각하는 말'을 통해 아이가 스스로 문제를 해결하고 자신의 태도를 바꿀 기회를 주세요.

　　"네가 투정을 부린다고 해서,
　　엄마에게 뭘 얻어낼 수 있을 것 같아?"
　　→
　　"네가 투정을 멈출 수 있다면,
　　엄마도 다시 이야기를 해볼 수 있지."

　　자신의 생각을 분명히 전할 수 있는 아이는 투정을 부리지 않습니다. 이렇게 표현을 바꾸면 아이는 스스로 분노를 잠재우고 투정을 멈출 방법을 생각하게 됩니다. 감정을 제어하며 활용하는 자신만의 방법을 찾게 되는 거죠. 다음 사례도 살펴보죠.

　　"아빠에게 말하는 태도가 그게 뭐야!
　　대체 누굴 닮아서 그러는 거야?"
　　→
　　"네가 예의 바르게 말할 수 있다면,

아빠도 너의 부탁을 들어줄 수 있지."

한마디 말로도 아이의 태도를 바꿀 수 있습니다. 이렇게 표현을 바꾸면 아이는 자신의 말을 반성하며 예의 바르게 말하는 것이 무엇인지 생각하게 되죠. 아이에게 가르쳐 주고 싶은 게 있다면 이렇게 자연스럽게 그것에 대한 생각을 할 수 있게 해주면 됩니다. 이렇게 말해 주면 상대방의 입장까지 생각하게 되니, 공감 능력 향상에 큰 도움이 되죠. 물론 당장 좋은 결과를 바랄 수는 없어요. 조금씩 차근차근 나아질 겁니다.

여러분이 이미 아시는 것처럼, 공감 능력이 뛰어난 사람은 성향이 모두 다른 사람들 사이에서도 언제나 균형을 잡고 대중을 만족시키는 언어를 구사합니다. 누가 도중에 끼어들어 훼방해도, 그를 온전히 이해한 언어로 그 사람까지 감동시키죠. 악플러까지 팬으로 만듭니다. 부모가 일상에서 한마디 말만 바꿔서, '생각하는 말'을 전할 수 있다면 이루어질 수 있는 소중한 변화입니다.

부모가 일상에서 억압이나 명령 등의 수준 낮은 말이 아닌, 생각하는 말을 사용하면 아이는 당연히 생각하는 사람으로 자라게 됩니다. 아이는 부모에게 받은 것을 잊지 않고 평생 기억하면서 살아가기 때문입니다. 무엇을 전하느냐에 따라서 아이의 미래는 바뀌고 변하게 되죠.

아이가 그 예쁜 얼굴로 "나, 하늘을 날고 싶어!"라고 말하면, 어떤 부모는 "사람은 하늘을 날 수 없어"라고 답하지만, 또 어떤 부모는 힘껏 아이를 들어 올려서 공중에서 빙빙 돌며 날아가는 경험을 선물해줍니다. 물론 사람은 하늘을 날 수 없다는 세상의 지식을 알려주는 것도 소중한 일입니다. 하지만 세상의 지식을 알려주는 건, 부모가 아니더라도 누구나 할 수 있는 말이죠. 하지만 아이를 들어 올려서 하늘을 날 수 있게 해주는 건, 세상에 오직 단 한 사람 아이의 부모인 당신만 할 수 있는 일입니다.

나만 할 수 있는 일, 더 소중하고 행복해지는 일, 그걸 먼저 하겠다고 생각하면 나중에 후회가 없고 아이의 생각하는 힘도 키울 수 있습니다.

✦

부모의 말은 아이를 날 수 있게 해주는
세상에서 가장 근사한 날개입니다.

Day
07

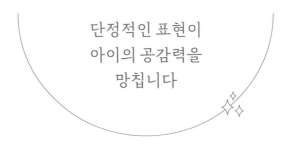

단정적인 표현이
아이의 공감력을
망칩니다

"도저히 그건 이해할 수 없겠다."

"그건 절대 불가능하지!"

"하지 말라고, 몇 번을 말했어!"

이런 식으로 단정적인 표현을 자주 사용하면서 사물과 사람 그리고 어떤 상황에 대한 '이해하지 못하는 말투'를 자주 사용하는 부모와 지내는 아이들은 '공감력'이 떨어진다는 공통점이 있습니다. '공감'은 '이해하려는 마음'과 '가능성을 허락하는 의지'라는 대지 위에서만 피는 꽃이기 때문입니다.

많은 부모가 이렇게 걱정합니다.

"아이들이 제 말에 공감을 하지 않아요."

아이들이 부모의 말에 공감하지 않는다고 걱정하지 말고, 아이들이 당신을 언제나 지켜보고 있다는 사실을 걱정해야 합니다. 아이의 공감 능력을 망치는 건 일상에서 들려주는 부모의 말 때문일 가능성이 높으니까요. 도무지 이해가 되지 않는 상황을 바라보면서, 이것저것을 들추며 이해하려고 노력하는 과정에서 아이의 공감 능력은 조금씩 향상됩니다. 이런 식의 말이 습관처럼 나올 수 있어야 합니다. 공감 능력이 뛰어난 사람에게서 발견되는 질문들이니 암기를 해서라도 기억해 주세요.

"여기에는 어떤 다른 게 있을까?"

"우리가 발견하지 못한 게
어딘가에 있지 않을까?"

"저 물건에는 어떤 특별한 부분이 있을까?"

"나와 다른 생각을 어떻게 하면
조금 더 이해할 수 있을까?"

"여기에서는 뭘 찾을 수 있을까?"

"이걸 어디에 쓸 수 있을까?"

"저 사람의 장점은 뭘까?"

위에 소개한 말과 더불어 아래에 소개한 말을 적절한 순간
에 아이에게 들려 주세요. 그럼 일상을 대하는 아이들의 눈빛과
태도가 달라지게 될 겁니다. 뭔가 다른 부분을 찾아내려고 관찰
하고 몰입해서 연구하게 되기 때문이죠.

"사람의 마음은 저마다 달라서
옳고 그름을 나눌 수 없지.
그래서 싸워서 이기려고 하기보다는,
이해하려고 노력하는 게 중요하단다."

"초코파이를 동그랗게 볼 수도 있지만,
옆에서 보면 긴 선으로 보이지.

자르면 또 모양이 달라지고.

어떤 사물이나 지식도 마찬가지로

바라보는 시선에 따라 달라진단다.”

“종이가 더럽다고 버리면

쓰레기통에 들어가는 쓸모없는 존재가 되지만,

접어서 종이비행기로 만들면

갖고 놀 수 있는 장난감이 되지.”

타인을 이해하기 위해서도 필요하지만, 나 자신을 위해서도 꼭 필요한 공감 능력을 키우는 말을 통해 아이의 내일을 밝혀 주세요. 공감 능력이 왜 중요한지, 이를 얻으려면 어떻게 해야 하는지를 섬세하게 알려주는, 인디언들의 지혜의 말을 소개합니다.

✦

남에 대해 이야기하려면

그 사람의 신발을 신고

일주일은 걸어 보아야 한다.

Day
08

친구와의 관계에서
자존감을 잃은 아이를
회복해 주는 말

부모 입장에서는 정말 난감하고 힘든 상황입니다. 아이가 학교에 나가지 않는다고 난리를 치고, 이유를 물으면 친구들과 선생님이 모두 자신을 좋아하지 않는다고 답하죠. 이대로 그냥 방치하면 문제는 더욱 커집니다. "놀다보면 다들 그런 거지, 점점 나아지겠지"라는 생각은 너무나 위험합니다. 나쁜 것은 더욱 나빠지기 마련이기 때문입니다. 왜 이런 일이 일어나는 걸까요?

타인을 괴롭히는 사람들의 심리를 보면, 그들이 필요 이상으로 욕을 하고 비난하는 이유는 보통 상대가 반응하기 때문입니다. 여기에서 중요한 건 그냥 반응이 아닌 '동요'를 한다는 사실입니다. 감정의 움직임이 없이 가볍게 스치듯 넘기면 상대도 흥미를 느끼지 못해서 그만둘 수도 있지만, 감정이 흔들리는 게 눈에 보이니 재미가 있어서 계속 못된 말과 행동을 하게 되죠.

물론 매우 나쁜 행동입니다. 친구가 힘들어하는 모습을 보며 오히려 약점을 잡고 더 괴롭히는 거니까요. 그래서 처음부터 아이들에게 이런 식의 말로 자존감 교육을 할 필요가 있습니다.

"상대가 아무리 욕을 하고
놀리는 어투로 말해도,
네가 받아들이지 않는다면,
그 모든 말은 허공에서 사라지는 거야."

다음에 소개하는 표현을 유치원이나 초등학교 입학하기 전에 들려주면 더욱 좋습니다.

"그 친구가 너를 바보로 생각한다고,
네가 바보가 되는 것은 아니란다."

"상대가 욕을 하고 불평을 한다고,
너까지 거기에 휩쓸려 있을 필요는 없지."

"듣기 싫은 소리는 아예 무시하자.
그럼 그 말을 뱉은 사람에게 돌아가니까."

"전혀 근거가 없는 비난이라면 무시하자.
거기에 속는 사람이 진짜 바보인 거야."

다른 사람의 평가에 크게 의미를 부여하거나 신경을 쓰는 아이일수록, 그 반대의 경우인 타인의 비난에 중심을 잃고 동요하게 됩니다. 자신의 생각이 분명하다면 타인의 평가는 전혀 상관이 없다는 사실을 알려주는 게 좋습니다. 그래야 본질적으로 문제를 해결할 수 있어서 애초에 친구들의 놀림이나 듣기 싫은 소리에 반응하지 않는 아이로 성장할 수 있죠. 또한, 함부로 대하지 못하는 강한 존재가 됩니다. 보기만 해도 내면이 탄탄한 게 느껴지니 함부로 장난을 칠 엄두를 내지 못하니까요. 아이에게 이런 말을 들려주면 더욱 자신에게 집중할 수 있습니다.

"물론 타인의 평가도 중요하지만,
너에게는 너의 평가가 가장 중요하단다."

"스스로에게 자신감을 가질 수 있다면,
그때 시작한 모든 결과는 별처럼 반짝이지."

"남들은 너를 어떻게 할 수 없단다.
널 움직이는 건 오직 너의 의지니까."

"너만큼 너를 오랫동안 생각하는 사람은 없지.
그러니 네 생각을 믿고 자신을 가지렴."

진심으로 자신을 좋아하지 않으면 자존감도 높아지지 않아요. 자존감은 자신과의 관계가 어떤지 보여주는 가장 정밀한 장치와도 같기 때문이죠. 스스로 자신의 생각과 결정, 모든 과정을 자랑스럽게 여길 수 있어야 자존감도 높아지고, 주변 상황에 관계없이 자신의 뜻을 지킬 수 있습니다. 아이의 모든 것을 믿고 사랑하며 생각의 자유를 허락해 줄 수 있다면, 아이의 자존감은 저절로 높아집니다.

지난 20년 동안 80권의 책을 쓰며 인문학과 자녀교육에 대한 치열한 사색을 통해 얻은 결론은 "세상에서 가장 사랑하는 아이에게, 내 마음과 같은 말을 하면서 살아가기"라는 이 한 문장의 깨달음입니다.

마음은 그렇지 않은데, 왜 아이에게 그렇게 말했을까. 내 마음은 사랑인데 왜 미움을 말하는 걸까. 하루에도 수십 번 후회합니다.

제가 제 모든 것을 바쳐 책을 쓴 이유도 바로 거기에 있습니다. 아이에게 부모의 말은 하나의 세계입니다. 오늘도 그 세계에서 그대의 아이는 누구도 줄 수 없는 기쁨을 느끼며 내면에 차곡차곡 사랑을 쌓아갈 테지요. 기억하세요.

✦

당신은 언제나 아름답고
당신의 아이도 누구보다 멋집니다.

Day
09

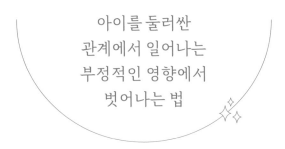

아이를 둘러싼
관계에서 일어나는
부정적인 영향에서
벗어나는 법

"친구들이 나만 따돌리는 것 같아!"

"선생님이 나한테 관심이 없어요!"

부모님들이 가장 자주 하는 고민 중 하나입니다. 친구나 선생님, 주변 사람들 속에서 아이가 중심을 잡지 못하고 이런 고민을 꺼내면, 불안한 마음이 드는 것도 사실이죠. 그럴 때면 저절로 이런 생각이 들게 됩니다.

"우리 아이가 좀 이상한 게 아닐까?"

"친구들을 불러서 맛있는 거라도 사줘야 하나?"

"우리 아이를 어떻게 바꿔야 상황이 나아질까?"

힘든 마음은 알지만 그건 올바른 접근 방식이 아닙니다. 그런 식으로 주변의 소리에 맞춰서 아이를 바꾸려고 하면, 평생 아이는 주변 사람들의 인정을 받기 위해 자기 소리를 내지 못하는 사람으로 살게 될 수도 있습니다. 그렇게 늘 자신을 바꿔야 한다고만 생각하기 때문에 모든 문제가 자신에게 있다고 생각하게 됩니다. 그렇게 되지 않으려면, '누군가가 나를 싫어한다는 말에 마음이 동요한다는 것은, 내 마음이 그 사람의 것이라는 증거'라는 점을 반드시 인지하고 있어야 합니다.

어른도 마찬가지죠. 타인의 인정을 받기에 앞서 먼저 자신의 인정을 받을 수 있는 사람이 되는 게 우선입니다. 자신의 가치에 대한 자부심을 가지고 있는 사람은 어디에 있어도 빛이 납니다. 그런 존재가 되면 굳이 타인의 시선을 의식할 필요도 없고, 애초에 그럴 상황이 만들어지지도 않겠죠. 이렇게 본질이 무엇인지 보면, 답은 저절로 풀립니다.

결국 아이가 스스로 자기 마음을 다스릴 수 있도록 기회를 주는 것이 가장 중요합니다. 여러분도 모두 알고 있겠지만, 관계는 정말 어려운 문제이며 모두가 나를 좋아할 수도 또 굳이 그럴 필요도 없기 때문이죠. 아이가 지금 다양한 관계에서 고통을 받는 이유는, 스스로 마음을 다스릴 수 있는 자신이 될 수 있게 연습하는 거라고 생각하시면 됩니다. 그럴 때 아이에게 이렇게 말해주면 도움이 됩니다. 일상에서 자주 일어나는 사례를 통해 대처법을 전합니다.

"선생님이 나만 미워하는 것 같아."

이럴 때는 이런 식으로 답해 주세요.

"선생님도 모든 아이에게 공평하게 신경을 쓰긴 쉽지 않으실 거야. 조금 여유를 갖고 선생님 마음에 다가가는 게 어떨까? 선생님 말씀과 행동 하나하나에 네가 너무 큰 신경을 쓰지 않으면 좋을 것 같아."

"친구가 나랑 같이 안 논다고 해."

이럴 때는 이런 식으로 답해 주세요.

"그래, 안타깝고 불안한 네 마음 이해해. 같이 놀 수 있으면 더 좋겠지만, 모든 사람이 다 너를 좋아할 수는 없잖아. 너도 마음에 들지 않는 친구가 있는 것처럼, 사람 마음은 모두 다르니까. 네가 그 친구 문제로 너무 마음 쓰지 않았으면 좋겠어."

먼저 힘든 아이의 마음을 안아주는 게 좋아요. 그다음에는 아이가 스스로 마음을 다스릴 수 있게 적절한 말로 안정을 시켜주면 됩니다. 맞아요, 모든 과정이 말처럼 쉽게 되진 않을 겁니다. 이 모든 상황은 갑자기 일어난 것이 아니라, 일상의 문제가 하나하나 쌓여서 터진 결과이기 때문이죠. 아래에 소개한 말을 아이에게 자주 전해 주세요. 그럼 본질부터 달라지게 만들 수 있습니다.

"다른 사람의 인정을 받는 것보다,
너 스스로 자부심을 갖는 게 중요하단다."

"정말 자신감이 넘치는 사람은
자신을 세상에 당당하게 보여주지."

"친구가 너를 바보라고 말한다고,
네가 바보가 되는 건 아니란다.

너는 네 생각이 결정하는 거야."

필사와 낭독으로 위에 소개한 말을 나누어 주세요. 상황에 맞게 적절히 변주해서 활용해 주셔도 좋습니다. 부모의 말에 의해서 아이의 상황은 나아지기도 하지만, 반대로 나빠지기도 합니다. 차분하게 아이 마음을 안아준다는 느낌으로 다가가면, 아이가 강한 내면을 가질 수 있도록 언제든 적절한 말을 들려줄 수 있습니다.

"친구 잘못 사귀어서
이렇게 됐다"라는 말이
아이 삶에 미치는 영향

"우리 아이는 정말 착했는데,

친구 잘못 사귀어서 이렇게 됐어요."

어떻게 생각하시나요?

맞아요, 정말 그럴수도 있어요. 아이가 전에 하지 않던 행동을 하며, 못된 말을 하기 시작하면, 부모는 순간 이런 생각을 하게 됩니다.

"내 아이가 갑자기 왜 이러지?"

"친구를 잘못 만나서 그런가?"

"사춘기가 드디어 찾아온 건가?"

이 모든 질문의 공통점이 뭐라고 생각하세요?

그래요, 모든 책임을 아이와 자신이 아닌 외부로 돌리고 있다는 겁니다. 물론 정말 그럴수도 있습니다. 하지만 이렇게 생각해볼 수 있죠. 아이들의 친구는 부모나 선생님 혹은 주변 어른이 억지로 짝을 지어줄 수 없습니다.

서로 뭔가가 맞아야 그걸로 흥미를 느껴서 친구 관계가 형성되기 때문이죠. 그럼 결국 친구를 잘못 만나서 내 아이가 이상하게 바뀌었다는 말은 변명일 수밖에 없습니다. 그 친구와 잘 맞아서 친구가 되었고, 스스로 자유 의지로 관계를 유지한 것이기 때문입니다. 만약 아이에게 문제가 생겼다면, 그 친구를 만나기 이전부터 문제의 씨앗을 내면에 품고 있었을 가능성이 높습니다. 그 씨앗이 하필이면 친구를 알게 되었을 때, 세상에 모습을 드러냈을 뿐이죠. 제대로 문제를 분석하지 못하면, 아이에게 최악의 고통으로 남습니다.

"우리 아이는 정말 착했는데,
친구 잘못 사귀어서 이렇게 됐어요."

사춘기에 접어든 아이를 둔 부모님들이 주로 하는 이 말은 아이가 삐뚤어져 나가는 현실을 모두 친구의 책임으로 전가하는 거죠. 그럼 어떤 일이 일어날까요? 아이의 문제는 시간이 지날수록 더욱 커집니다. 이유는 간단해요. 가장 큰 문제는 아이에게 있는데, 그 책임을 모두 친구에게 전가했기 때문입니다.

친구에게서 모든 나쁜 이유를 찾는 부모의 행동은 멀쩡한 아이를 망치는 대표적인 사례입니다. 당장은 마음이 아파도 문제가 내 아이에게 있다고 생각해야 훗날 희망을 약속할 수 있습니다. 심각한 병에 걸렸는데 기침의 이유가 나쁜 공기 때문이라고 외치며 공기만 탓한다면, 과연 결과가 어떻게 되겠어요.

부모의 말은 연필과도 같습니다. 잘못 쓰면 지우개로 지우듯 언제든 잘못 나온 말을 지울 수 있다고 생각하죠. 지우개로 연필의 흔적은 얼마든지 지울 수 있지만, 종이는 기억하고 있습니다. 연필이 자신에게 무엇을 썼는지. 부모의 말도 마찬가지입니다.

깨끗하게 지웠다고 생각하겠지만 아이들은 기억하고 있습니다. 부모가 자신에게 어떤 말을 했는지. 어떤 말과 마음을 전했는지 모두 기억하고 있지요.

초등학교 입학을 앞둔
아이에게 들려주면 좋은
근사한 한마디

초등학교 입학은 아이 입장에서는 하나의 세계가 열리는 거대한 변화와 성장이 맞물리는 중요한 시기입니다. 극단적으로 말해 이전과 이후로 나눌 수 있을 정도로 아이의 삶에 미치는 영향이 크죠. 학업과 친구와의 관계, 정서와 인성 등 아이의 삶에 긍정적인 변화를 주기 위해서는 특별히 내면을 탄탄하게 만들어 주는 말을 자주 들려줄 필요가 있습니다.

이번에는 제 경험을 바탕으로 여러분께서, 아이들에게 들려주면 좋은 말을 전합니다. 제 경험이지만, 이 말을 다른 가정에서 활용하며 실제로 효과가 좋다는 사실을 확인했으니, 각자 일상에 맞게 변주해서 사용해 주시면 좋겠습니다.

"우리 종원이는 아무런 걱정도 안 해.
뭐든 알아서 다 잘하니까."

어떠세요? 매우 짧은 문장인데, 그 효과는 매우 거대하죠. 할머니가 초등학교에 입학하기 전부터, 저에게 거의 매일 들려준 말입니다. 여러분도 이 말에 아이 이름을 넣어서 따스한 음성으로 자주 들려주세요. 돌아보면 저는 마치 근사한 식사를 하듯이, 이 말을 꼭꼭 씹어 삼켰습니다.

초등학교에 입학한 이후 공부나 친구와의 관계 등에서 늘 할머니 말씀에 어긋나지 않으려고, 노력하며 차분한 저를 유지했죠. 가끔 "어린 아이에게 그런 말은 부담으로 느껴지진 않을까요?"라고 묻는 분들도 계십니다. 맞아요, 충분히 그렇게 생각하실 수 있어요. 하지만 저는 그 말이 전혀 부담스럽거나, 과한 요구로 느껴지진 않았습니다. 이유는 정말 간단하죠. 할머니가 먼저 이 말을 자신의 삶으로 모범을 보여주셨기 때문입니다.

단순히 말로만 끝나면 아이에게 부담으로 느껴질 수도 있지만, 부모가 실제로 자신이 말한 것을 삶에서 스스로 실천하면 아이는 그 말을 부담으로 느끼지 않게 됩니다. 그렇게 손자에게 모범이 되는 할머니의 일상과 마음을 담아 들려주는 아름다운 말을 통해, 제 내면은 날이 갈수록 탄탄해졌습니다.

제가 "종원이는 아무런 걱정도 안 해"라는 말을 보약처럼 듣고 자랐듯, 초등학교 입학 전에 아이에게 이런 말을 자주 들려주시면 좋습니다. 기억하기 쉽게 짧게 압축해서 전하면 이렇습니다.

"노력하면 뭐든 다 할 수 있어."

"언제나 나는 네 선택을 믿어."

"사람은 죽을 때까지 배워야 하는 거야."

"늘 차분하게 오랫동안 생각하자.
그럼 더 좋은 방법을 찾을 수 있으니까."

"우리 아무리 마음이 급해도,
기품 있게 말하고 행동하자."

할머니는 오래전 세상을 떠났지만, 여전히 할머니가 저에게 준 이 말들은 세상에 남아서 제 삶을 지켜주고 있어요. 듣기만 해도 마음 따뜻해지고 동시에 내가 자랑스러워지는, 이 말들이 저를 키운 것입니다.

세월이 아무리 흘러도 부모에게 자주 들었던 말은 기억에서 쉽게 잊혀지지 않습니다. 아이의 마음과 함께 보낸 시간이 지금도 기억하고 있기 때문입니다. 부모라는 존재는 결국 세상을 떠나지만, 부모가 남긴 말은 여전히 아이를 키웁니다. 이유는 간단합니다.

✦

당신께 받은 사랑의 말을

아이가 여전히 기억하고 있으니까요.

대화가 서툰 부모를 위한
맞춤형 6가지 식탁 대화법

탐구와 관찰

식탁은 그냥 앉아서 음식을 먹는 공간이 아닙니다. 정말 할 수
있는 일이 많죠. 유독 센스가 없어서 사회생활이 어려운 아이들
이 있습니다. 식탁에서 탐구와 관찰 교육을 받지 못해서 그렇습
니다. 식탁에서 자신이 할 수 있는 일을 찾고, 가족에게 도움을
줄 수 있는 방법을 찾아본 아이는 밖에 나가서도 섬세한 시선으
로 주변을 탐구하고 관찰하며, 주변 사람들의 어려움이나 요구
를 쉽게 찾아 제공할 수 있습니다. 이는 당연히 학업에도 큰 도
움이 됩니다. 아래 소개하는 말을 참고하며 과연 어떤 방식의 표
현인지 알아 보시고 실천하시길 바랍니다.

"그냥 앉아서 먹기만 하는 것보다는
'제가 도와드릴 일이 없을까요?'라고 물으며
네가 할 수 있는 일을 찾으면 모두가 행복해질 수 있어."

"억지로 말꼬리를 잡기보다는
이해하려는 마음으로 대화를 나누자."

"새로운 맛의 반찬이 나왔을 때는
어떤 재료로 어떻게 만든건지 물어보면
새로운 사실을 알게 되지."

"우리가 설거지를 하는 동안
네가 식탁을 정리하면,
멋진 마무리가 될 것 같아."

66일
밥상머리
대화법

3장

사랑하는 마음을 전하고
가족 유대감을 높이는
대화 11일

대화에 부모의 감정이
섞이는 순간 아이와의 관계도
멀어집니다

"이번에도 틀리면 바보다!"

"걱정이네, 이것도 못하면 대체 어쩌니!"

"친구들도 너 이런 수준인 거 알아?"

이 모든 말이 아이에게 좋지 않은 이유는 부모의 감정이 들어간 표현이기 때문입니다.

'틀렸다'라는 사실이 '바보'를 의미하거나, '못한다'라는 사실이 '어쩌니'라는 감정을 의미하는 건 아니니까요. 더구나 '친구'까지 소환하는 건, 인간적인 모멸감으로 이어지게 되죠.

아이에게 따스한 말로 변화를 주고 싶다면 일단 감정을 빼고 사실만 나열할 필요가 있습니다. 다음 6가지 사항을 늘 기억하고 있으면, 대화를 나눌 때 감정을 조절하는 데 도움이 됩니다.

1. 조금 더 침착하자

2. 공공장소에서 분노하지 말자

3. 감정의 변화 주기를 길게 만들자

4. 두 번 듣고 한 번 말하자

5. 차분하게, 더 차분하게

6. 언어의 가치를 아는 사람이 되자

만약 아이가 정성을 다해 키우던 작은 선인장이 말라서 죽었다면, 잔뜩 풀이 죽어 있는 아이에게 첫마디를 뭐라고 할 생각인가요? 최악의 말은 분노만 가득한 이런 식의 표현입니다.

"거봐라, 그러니까 내가 정기적으로 물을 주고 기록하라고 했지!"

보통은 이런 식으로 말하며 스스로 잘했다고 만족합니다.

"이 선인장에는 2주에 1회 물을 줬어야 했는데, 다음에는 꼭 기록해서 실수하지 말자."

이것 역시 최악보다는 낫지만, 적절한 표현은 아닙니다. 여기까지 가기 위해 반드시 필요한 '아이 마음 안아주기' 단계가 빠졌기 때문입니다. 앞서 언급한 것처럼 지금 아이는 애정하던 선인장이 죽어서 매우 슬픈 상황입니다. 이럴 때는 바로 이런 식의 말이 필요하니다.

"이런, 너무 마음이 아프겠다.
선인장이 죽어서 너무 슬프지?"

아이가 어떤 일에 슬퍼하거나 분노하고 있다면, 가장 먼저 마음을 이해하려고 다가가야 하고, 그다음에 아이의 생각에서 나온 답을 찾는 게 좋습니다.

"맞아, 정말 아꼈던 선인장이 죽었으니 얼마나 슬프겠니.
다음에는 꼭 오래오래 같이 지낼 수 있게 해보자."

이렇게 말하면 아이는 스스로 과거 부모에게 배웠던 기억을 떠올리며 스스로 답을 구할 수 있게 될 것입니다.

"네, 맞아요.
이젠 정말 2주에 1회 물을 주고 꼭 기록해서
잊지 않을 생각이에요."

대화에서 최악의 경우는 부모의 그날 감정이 그대로 아이에게 전해져서 아이 삶을 결정하는 태도가 되는 겁니다. 분노와 원망이라는 부모의 감정이 그대로 아이의 살아갈 태도가 된다고 생각해 보세요. 이보다 가슴 아픈 일이 또 있을까요. 앞서 언급한 6가지 사항을 잘 읽고 필사하며 늘 감정을 최대한 제어하고, 필요한 것들을 전할 수 있는 대화를 이끌어 주세요.

부모와 아이의 마음이
매일 더 예뻐지는
사랑이 숨 쉬는 말

육아와 살림이 너무 힘들게 느껴져서 방구석에 앉아 고개를 숙이며 조용히 울고 있을 때, 어느새 옆으로 다가온 아이가 예쁜 음성으로 이렇게 당신을 위로해준 순간이 있을 겁니다.

"괜찮아 엄마,
내가 여기에 있잖아."

"엄마 울지 마세요.
그럼 나도 눈물 나오잖아."

부모 입장에서는 대견하기도 하면서도 놀랍죠. 대체 아이가 어디에서 그런 말을 배워서 이렇게 나를 위로해주는 걸까?

그런데 당신은 알고 있나요? 그 말은 아이가 당신에게 배운 표현이라는 사실을. 아이가 걸음마를 시작하다가 넘어진 어느 날, 무서운 꿈을 꾸다가 울면서 일어난 어느 날, 또 좋아하는 아이스크림이 땅에 떨어져 서럽게 울던 어느 날, 당신은 아이에게 같은 말로 위로해줬습니다.

"괜찮아, 엄마가 여기에 있잖아."

"네가 울면, 엄마는 더 슬퍼."

우리가 아이에게 예쁘게 들려준 말은 이렇게 결국 다시 돌려받게 됩니다. 그래서 아이에게 아름다운 말을 들려주는 일은, 우리 자신에게 아름다운 말을 들려주는 일과 같습니다.

"왜 부모만 이렇게 애를 써야 하죠?"

"애들이 과연 제가 이렇게 고생하고, 죽을 만큼 힘들었다는 사실을 알까요?"

이렇게 생각할 수도 있지만, 모든 것은 결국 내게로 돌아오니 서로를 위한 거라고 생각할 수 있겠죠. 나를 위한 것이 곧 아이를 위한 것이고, 아이를 위한 것이 곧 나를 위한 것입니다.

서로에게 예쁜 마음을 선물해서 가정을 더 아름답게 만드는 8가지 말을 소개합니다. 아이와 함께 나누어 주세요. 물론 낭독과 필사를 통해 내면에 담으면 더욱 좋습니다.

"슬픈 일이 있으면 눈물이 나지.
그럴 땐 얼마든지 울어도 되지만,
엄마가 늘 곁에 있다는 사실만 기억해줘."

"다른 사람의 평가에 크게 신경 쓰지 말자.
우리는 모두 있는 그대로 아름다우니까.
너는 너라서 빛나는 거야."

"사랑하는 사람들을 보면
그냥 보는 것만으로도 마음이 예뻐지지.
우리도 늘 사랑하는 마음만
서로에게 선물하자."

"늘 할 수 있다고 생각하면

우리는 뭐든 해낼 수 있어.
아빠가 늘 널 응원하고 있단다."

"친구를 험담하거나 거짓말을 하지 말자.
그건 우리의 언어가 아니니까.
내가 듣기에도 예쁜 말만 하는 거야"

"세상에 나 혼자만 있다는 생각이 들 때,
엄마와 아빠의 모습을 떠올리렴.
우리는 언제나 네 편이니까."

"힘들 때는 오히려 더 환하게 웃자.
그럼 좋은 소식이 찾아올지도 모르지.
희망은 그걸 부르는 자만의 것이니까."

"남들보다 조금 뒤진다고 걱정하지 말자.
우리는 어제보다 분명
조금 더 앞으로 전진했으니까."

부모가 아이에게 들려준 말은 영원히 사라지지 않는 아이의
성장 에너지가 되어 내면에 쌓입니다. 그렇게 시간이 조금 지나

면 부모의 말을 통해 성장한 아이가, 이제는 자신이 그간 받았던 말을 그대로 부모에게 들려주게 됩니다. 부모의 말은 그렇게 돌고 돌아서 다시 자신에게로 돌아옵니다. 그러니 매일 마음이 더 예뻐지는 사랑이 숨 쉬는 말을 통해 행복한 가정을 만드시기 바랍니다. 잊지 마세요.

✦

아이에게 예쁜 말을 들려 주는 일은,
곧 여러분 자신에게 들려주는 것과 같습니다.

Day
03

아빠가 들려주면
하루가 더 행복해지는
20가지 말

아빠와 엄마의 일을 나누려는 것이 아닙니다. 또한 성별로 구분해서 누가 우월하거나 장점이 더 많다고 말하는 것은 더욱 아닙니다. 모두가 각자의 자리에서 오늘도 열심히 목표 그 이상을 해내고 있으니까요. 다만 아이 입장에서는 아빠가 들려주면 더 좋은 말이 따로 있습니다. 아이가 주도한 어떤 일에 대한 결과와 아이의 성장을 결정하는 외적인 부분에 대해서는 아빠가 말해주는 게 좋습니다. 그럴 때 아이가 더 안정감을 느끼며 성취감도 느낄 수 있습니다.

물론 엄마가 들려줘도 좋지만, 평소에 대화가 부족했던 아빠가 들려주면 더욱 큰 행복을 줄 수 있는 20가지 말을 소개합니다. 매일 아이에게 들려주면, 가정에 행복이 가득해질 겁니다. 다양한 상황에서 적절히 활용하시면 더욱 좋으니 낭독과 필사를 통해 자신의 언어로 만드는 게 좋습니다.

"우리 아이, 키가 더 큰 것 같은데!"
"아빠랑 같이 책 읽을까?"
"우리 '(아이 이름)', 말도 참 멋지게 하네."
"굉장하다, 그 어려운 걸 네가 만든 거야?"
"그렇게 오랫동안 책을 보고 있는데,
보채지 않고 차분하게 잘 앉아 있네."

"음식도 가리지 않고 골고루 잘 먹네."
"한번 하겠다고 하면 결국 해내는 네가 멋져."
"바르고 예쁜 말을 하니까 기분도 좋다."
"누가 더 방을 깨끗하게 정리하는지 시합할까?"
"의지도 참 대단하네.
정해진 시간에만 TV를 보고 끄는 게 쉬운 일이 아닌데!"

"엄마의 사랑 덕분에 네가 이렇게 건강하게 자랐구나."
"오늘은 더 사랑을 담아 강하게 안아주고 싶네."

"네가 있어서 아빠는 더 최선을 다하게 된단다."

"우리 이기려고 하지 말고 공감하려고 노력하자."

"요즘에는 어떤 고민을 자주 하니?

아빠도 이런 고민이 있거든."

"뭔가를 하려고 한다면 생각만 하면 안 되지.

실제로 움직여서 목표에 다가가야 한단다."

"나쁜 습관과 말은 최대한 빨리 바로잡자.

너무 늦어버리면 바꾸기 어려워지니까."

"우리 자주 칭찬하면서 살자.

내가 칭찬하는 것이 곧 나의 수준이니까."

"네가 모든 것을 바쳐도 실패할 수 있어.

그래도 너무 심하게 자책하지 말자."

"중요한 건 언제나 행동 그 자체에 있으니까."

"태양을 본 사람은 촛불에 연연하지 않지."

"생각만으로도 가슴이 두근거리는 꿈을 꾸자!"

맞아요. 아이는 부모의 생각대로 자라지 않습니다. 정해진 시간에 맞춰 TV를 끄는 일도 거의 일어나지 않고, 심각한 편식에 가끔은 못된 말을 하기도 합니다. 그러나 모든 순간 그렇지는 않아요. 그래서 부모가 해야 할 일은 아이의 가장 좋은 순간을 포착해서, 기회를 놓치지 않고 좋은 말을 전하는 것입니다. "우리 애는 못된 말만 해요"라고 말하기보다는, 그럼에도 불구하고 예쁘게 말하는 순간을 포착하는 마음의 태도가 필요하죠.

사실 대부분의 자녀교육서가 엄마의 역할만 강조하고 있어서 "아빠도 뭔가 해야 하지 않을까?"라는 생각에서 나온 글이기도 합니다. 그러나 모두가 알고 있듯, 아빠가 된다는 것도 결코 쉬운 일이 아닙니다. 사랑스러운 아이가 세상에 태어났으니 "이제 더 열심히 살아야겠다"라고 수없이 다짐하지만, 힘든 현실은 자꾸만 아이를 귀찮은 존재로 인식하게 만들죠. 스스로도 참 쓸쓸하고 마음이 아픕니다. 아이를 위해서 더 열심히 살고 있으면서, 오히려 아이를 괴롭히는 모양새가 되고 있으니까요.

그 아프고 힘든 마음 공감합니다. 이런저런 일로 육아를 제대로 하지 못할 때도 있지만, 그 마음속이 편하진 않을 겁니다. 다만 이것 하나는 기억하기로 해요.

◆

아이는 지금도 무럭무럭 크고 있고,

안아줄 수 있는 시간은 점점 줄어들고 있습니다.

사랑할 수 있는 골든타임을 놓치지 말아요.

사랑하는 마음을 전하고
가족 유대감을 높이는 대화 11일

자꾸만 다투는
형제를 진정시키는
8가지 말의 규칙

처음에는 언제나 장난으로 시작한 것이었죠. 어, 그런데 장난이 아닌 게 느껴지면서 형제는 결국 어김없이 다투고 싸우게 됩니다. "그러지 말라고 내가 몇 번을 말했어!"라고 말하며 말리는 내 모습을 보는 것도 이제 지칠 정도입니다. 온갖 방법으로 타이르고 교육도 해봤지만, 해결이 되지 않아 부모 마음은 답답하기만 하죠. 대체 이 문제를 해결할 좋은 방법은 어디에 있는 걸까요?

규칙을 정하는 말을 들려주는 게 좋습니다. 적어도 집안에서는 서로 다투지 않고 사이좋게 지낼 수 있도록, 아이들 스스로 놀이의 일상을 제어할 '규칙의 말'을 함께 정하는 거죠. 모든 순간 부모가 옆에서 심판이 되어줄 수는 없으니까요. 여기에서 중요한 것은 함께 정해야 한다는 사실입니다. 부모가 일방적으로 정하면, 아이 입장에서는 받아들일 수 없으며 반발심만 커질 가능성이 높기 때문입니다. 다음에 소개하는 8가지 예를 참고로 하셔서 정하시면 됩니다.

"우리 아무리 짜증이 나도,
집에서는 절대 싸우지 말자."

"놀다가 화가 날 것 같으면
분노하고 다투는 대신
조용히 혼자 생각할 시간을 갖자."

"둘이 해결할 수 없는 문제는
꼭 부모님께 도움을 청하자."

"어떤 일이 있어도 가족에게는
못된 말이나 욕설은 해선 안된다."

"뭔가 공평하지 않다는 생각이 들면

서로에게 함부로 대하는 대신,
서로의 입장이 되어 생각해보자."

"놀다가 보면 다투고 싸울 수도 있어.
하지만 기분 나쁘게 하는 말은
절대로 사용하지 말자."

"싸우는 게 아니라
즐거운 시간을 보내는 게,
우리의 가장 큰 목표라는
사실을 꼭 잊지 말자."

"분노가 치밀어 오르면
이렇게 세운 말의 규칙을
가끔은 잊거나 무시할 수도 있지.
그러나 우리가 형제라는 사실은
꼭 기억하는 거야."

늘 보면 부모가 보기에는 별것도 아닌 문제로 다투죠. 그리고 또 하나 똑같은 문제로 다툴 때가 많다는 공통점도 있어요. 거기에 바로 문제를 해결할 포인트가 있습니다. 부모의 눈에는 별것도 아닌 것처럼 보이지만, 아이들 세계에서는 소중한 문제라는 사실이 중요하죠. 그래서 자꾸 같은 문제로 싸우게 되는 겁니다. 형제 사이에서 일어나는 일을 구분하고 판단할 수 있는 최소한의 원칙이 있어야 하는 이유가 바로 여기에 있지요.

　　"네가 먼저 그랬잖아!"

　　"내가 언제 그랬다고 그래!"

　　"시작을 네가 먼저 했잖아!"

　　이런 식의 도돌이표 다툼에는 끝이 없죠. 그래서 더욱 규칙의 말이 필요합니다. 감정과 상황은 우리를 속이지만, 말은 속이지 않죠. 또한, 규칙의 말을 정한 후에 다툼은 오히려 아이들에게 교육적으로 긍정적인 효과를 줄 수 있습니다. 도돌이표 다툼에서 벗어나 정한 기준을 갖고 생각하고 다툼을 스스로 해결하려는 의지를 가질 수 있기 때문입니다. 뭐든 세상에 나쁜 건 없습니다. 생각할 수 있다면 뭐든 좋은 방향으로 이끌 수 있죠. 그 기회를 아이에게 허락한다고 생각하시면 됩니다.
　　모든 상황에서 늘 부모가 잘못을 지적하면 아이들 기억 속에는 "에이! 또 혼났네!"라는 감정만 남게 됩니다. 왜 혼났으며,

무엇을 어떻게 변화시켜야 상황이 나아질 수 있는지에 대한 생각은 전혀 할 수 없으니 매번 같은 문제로 다투게 되죠. 이렇게 말로 원칙을 세워야 그 기준을 통해 자신을 돌아볼 수 있고, 좀 더 나은 형제 관계를 기대할 수 있게 됩니다.

7세 이상의 아이라면 충분히 바로 적용할 수 있습니다. 어떤 새로운 교육 방식을 접했을 때, 이렇게 생각하시며 읽고 생각하시는 것이 아이를 위해 좋습니다. "과연 이걸 내 아이가 할 수 있을까?"라는 시선이 아닌, "이걸 내 아이에게 적용하려면 어떻게 해야 하지?"라는 시선으로 생각하는 겁니다. 그 과정을 통해 우리는 모두의 방법이 아닌, 내 아이만을 위한 단 하나의 특별한 방법을 찾게 됩니다. 오늘도 당신만의 특별한 하나를 만나시기를 소망하며, 아래 말을 항상 기억하시기 바랍니다.

✦
좋은 말은 아이를 키우는

세상에서 가장 값진 보약입니다.

Day
05

말수가 적어진
아이에게 다가가는
애착 대화법

　모든 아이가 부모에게 늘 같은 방식으로 반응하는 건 아닙니다. 어릴 때는 그렇게 말이 많고 친근하게 다가오던 아이도, 발달 과정에 따라 묻는 말에만 겨우 답하는 아이로 바뀌기도 합니다. 이런 식으로 말이죠.

　"오늘 학교에서 점심 맛있게 먹었니?"
　"네."

　"집에서 오늘 뭘 할 생각이니?"

"몰라요."

"좀 길게 말해주면 안 되겠니?"
"왜요? 싫은데요."

어떤가요? 생각하면 할수록 가슴이 터질 정도로 분하거나 답답하지만, 모든 아이가 공통적으로 겪는 발달 과정 중 하나라고 생각하시면 마음이 편합니다. 실제로도 그렇고요. 자신에게 일어나는 일을 하나하나 모두 이야기를 하던 아이가 갑자기 전혀 이야기를 해주지 않으면 걱정도 되고, 무뚝뚝하게 바뀐 아이에게 서운한 마음도 들죠.

중요한 건 그냥 넘어가는 걸로는 아름답게 문제를 해결할 수 없다는 사실입니다. 부모가 개입을 해서 대화를 통해 마음을 주고받아야 합니다. 일단 말수가 적어졌다는 것은 무언가를 깊이 생각하고 있다는 증거입니다. 그 대상이 좋은 것일 수도 있지만, 문제는 부정적인 것일 확률이 높다는 거죠.

자세히 살펴보면 말수는 적어졌지만 아이가 아예 말을 하지 않는 것은 아닙니다. 거기에 힌트가 있습니다. 그래서 아이의 말수가 적어진 만큼, 부모의 귀는 더욱 섬세해져야 하죠. 말수가 적어진 아이에게 다가가는 애착 대화법 4가지를 소개합니다.

1. 이전보다 더 가까이 다가가서 아이의 말을 경청하기

2. 아이 입장에서 감정 이입을 하면서 듣고 생각하기

3. 생각한 것을 바로 말하지 않고, 더 생각한 후 말해 주기

4. 말을 할 때는 내가 아닌 아이가 원하는 시기에 맞추기

"죽고 싶어요!"

"왜 사는지 모르겠어요."

"부모님을 증오해요!"

"이야기 나눌 사람이 없어요."

누구의 하소연일까요? 세상을 포기하고 싶은 어느 가장의 외침일까요? 아닙니다. 이 모든 말은 상담을 통해 나눈 초등학생이 들려준 말입니다. 정말 충격적인 말이 아닐 수 없습니다. 간혹 말수가 적어진 아이에게는 이런 현상이 나타날 가능성이 높습니다. 물론 이렇게 생각할 수도 있어요.

"애가 뭐가 힘들다고!"

"저러다 말겠지."

"다들 그러면서 크는 거지."

하지만 그렇지 않습니다. 죽고 싶은 마음이 드는 것이 결코 커나가는 중간에 만나는 공통된 발달 과정은 아니니까요. 아이의 말수가 갑자기 적어지거나 사춘기가 의심이 될 때가 바로, 여러분이 가장 섬세하게 다가가야 하는 시기입니다. 그러나 쉽지가 않죠. 걱정은 되지만 성급하게 다가가면 괜히 아이의 반발심만 키우게 되니까요. 아이의 공격적인 반응이 두려워서 다가가지 못하는 부모가 생각보다 많은 게 현실입니다. 이 부분에서 조금 위로를 받으셨으면 좋겠습니다. 여러분 아이만 그런 게 아닙니다. 실제로 많은 부모님이 같은 문제로 고민하고 계시니까요. 아이의 대답이 짧아지고 나중에는 아예 말을 하지 않으려고 할 수도 있습니다. 그런 시기가 와도 두려워하지 말고, 위에 소개한 4가지 방법을 통해 원하는 아이의 모습을 되찾으시길 바랍니다.

사춘기 아이와의
관계를 예쁘게 바꾸는
사랑의 한마디

　부모의 역할이 가장 중요해지는 동시에 가장 조심스러운 순간이 바로 사춘기가 된 아이와 마주할 때입니다. 난감하고 또 애매한 순간이 반복되죠. 어릴 때는 대화가 제대로 되지 않아서 힘들지만, 사춘기가 되면 대화는 되지만 뭐든 말하기가 조심스러워서 참 힘듭니다. 몸의 거리는 같지만 자꾸만 아이와의 마음의 거리가 멀어지는 기분이 들어 안타깝기도 하죠.

　물론 하루를 살아가며 늘 기쁜 일과 행복한 소식만 가득하기는 쉽지 않아요. 서로 의견이 달라서 싸울 수도 있고, 마음에 없는 말을 하고 후회할 수도 있죠. 그래서 더욱 사춘기를 맞은 아이와 나누는 우리의 일상 곳곳에는 좋은 말과 아름다운 언어가 필요합니다. 서로를 힘들고 지치게 만드는 일이 생길 때마다, 아래에 전하는 글을 낭독하고 필사하며 아이와 함께 나누면 마음의 거리를 좁힐 수 있어서 관계를 예쁘게 디자인 할 수 있습니다.

"행복한 일이 생길 수도 있고
불행한 일이 생길 수도 있지.
그럼에도 오늘 하루는
우리에게 주어진 가장 값진 선물이야.
이렇게 너와 내가 함께 있으니까."

"우리 의견이 서로 다를 때마다
싸우지 말고 이 사실을 꼭 기억하자.
'다르다는 것은 아름다운 일이다.
그건 우리가 생각하고 있다는
근사한 사실을 증명하는 거니까.'"

"음식을 먹을 때나
새로운 무언가를 접할 때,
'근사하다'라는 말을 자주 하자.
그럼 그 순간 우리를 둘러싼 모든 것이

다 근사해지는 마법이 일어나니까."

"꽃은 정원에만 있는 건 아니지.
힘들고 지칠 때도 웃으며
서로에게 예쁘게 말할 수 있다면
바로 그 공간이 세상에서 가장
아름다운 정원이란다."

"1등을 하거나 높은 점수를 받는 것도
물론 인생에서 소중한 일이야.
하지만 정말 중요한 건,
2류나 3류가 되지 않아야 한다는 거지.
늘 자신의 선택을 믿고 지지하며,
스스로 인정할 수 있는 1류가 되자."

"늘 불평하고 시기하는 사람들은
우리에게 해를 줄 수 없으니 걱정하지 말자.
그냥 우리는 그날그날 할 일을 하면 되지.
그들이 쏜 불평과 시기라는 화살은
늘 전진하는 우리를 맞출 수 없어.
우리는 이미 그 자리에서 벗어났으니까."

"세상에서 가장 강한 사람은 다정한 사람이야.

그들은 수많은 사람을 안을 수 있으니까.

그래서 사람이 다른 사람에게 줄 수 있는

가장 소중한 선물은 '다정한 마음'이란다.

다정한 마음을 전하면

네가 만나는 모든 세상도

너를 다정하게 안아줄 거야."

사춘기가 찾아온 이유가 뭘까요? 아이 삶에 찾아온 모든 것에는 나름의 이유가 있습니다. 그간 몸이 무럭무럭 자랐다면 이제는 마음의 크기가 자랄 때가 되어서 사춘기가 찾아온 거죠. 위에 소개한 말을 아이와의 일상에서 나누어 주시면 아이의 마음의 키가 자라는 데 큰 도움이 될 겁니다.

간혹 다양한 이유로 "이런 말은 사춘기 아이에게 들려주기 좀 힘들 것 같은데"라는 생각이 들게 만드는 글도 있을 겁니다. 그럼 방법은 간단합니다. 자신에게만 들려주세요. 부모가 흡수한 말은 부모의 말과 행동을 통해 결국 아이에게 전해지는 법이니까요. 아이에게 줄 수 없다고 멈추지 말고, 스스로 흡수해서 말과 행동으로 자연스럽게 들려주면 됩니다. 세상에서 가장 당신을 사랑하는 아이가, 언제나 당신을 바라보고 있으니까요.

말 안 듣는 아이를 바꾸는
부모의 말 덧붙이기

이런 상상을 해보죠. 당신은 근사한 분위기와 맛있는 음식을 제공하는 식당에서 만족스러운 식사를 하고 있습니다. 그런데 물컵에서 비린내가 나서 교체를 요구했는데, 직원이 '아'라는 탄성만 남기며 다른 말 없이 물컵만 교체를 했다면 기분이 어떨까요? 교체를 해주긴 했지만 뭔가 기분이 나쁠 가능성이 높죠.

이유가 뭘까요? 적절한 말을 덧붙이지 않았기 때문입니다. 예를 들자면 이런 식으로 '아'라는 표현 뒤에 말을 덧붙였다면 훨씬 기분 좋게 식사를 즐길 수 있었겠지요.

"아, 손님 정말 죄송합니다.

잠시만 기다려 주시면

제가 바로 깨끗한 컵을 가져다 드리겠습니다."

어떤가요? 특별한 말이 아닙니다. 정말 당연하게 해야 할 것들인데 그걸 하지 않으면 불만과 분노가 시작되죠. 아이와의 대화도 마찬가지입니다. 식당의 근사한 분위기와 맛있는 음식이 부모의 사랑이라면, 서비스는 부모의 덧붙이는 말과 같죠. 아무리 뜨거운 사랑을 품고 있어도 그걸 제대로 말로 표현하지 못하면 아이는 그 사랑을 느낄 수 없게 됩니다. 일상에서 이런 방식으로 '말 덧붙이기'를 해주시면, 이전보다 아이와의 관계도 나아지면서 집안 분위기도 행복으로 가득해질 겁니다.

"양치질하라고!"

→

"양치질하는 걸 잊었나 보구나.

지금이라도 양치질하자."

"너 혼자 놀이터에서 살아!

나는 간다!"

→

"놀이터에 있으면 즐거운 거 알아.
그런데 지금 집에 가지 않으면,
엄마가 할 일을 하지 못하게 된단다.
네가 이해해 주면 기쁠 것 같아."

"일어나라고!"
→
"지금 일어나면 기분 좋게
하루를 시작할 수 있어."

"아까 말했잖아!"
"몇 번을 더 말해야 하니!"
→
"더 완벽하게 이해하려고 그러니?
그럼 몇 번이라도 더 말해줄 수 있지."

　　한 커플이 당신에게 다가와 자신의 스마트폰을 건네며 "저,
우리 사진 좀"이라고 말하면 사진을 찍어주고 싶은 마음이 생길
까요? 상황에 따라서 기분이 나쁠 수도 있죠. 하지만 이렇게 말
을 덧붙이면 전혀 다른 느낌이 들죠.

"저, 우리가 당신의 시간을
조금 빌릴 수 있을까요?"

이건 단순히 말을 덧붙이는 것 이상의 수준이지만, 시작은 결국 말을 덧붙여서 마음까지 전하려는 의도에서 나온 표현입니다.

더 놀고 싶은 마음과 더 쉬고 싶은 마음을 억누르고 부모의 말을 듣는다는 건 정말 어려운 일입니다. 그건 어른들도 쉽게 하지 못하는 일이니까요. '말 덧붙이기'는 그 힘든 마음을 이해하는 것부터가 시작입니다. 더 사랑하고 더 소중한 만큼, 아이의 마음을 움직일 수 있는 가장 적절한 말과 표현을 생각해야 합니다. 그런 마음으로 말을 덧붙이면 곧 달라진 아이의 모습을 목격할 수 있습니다.

당연한 말처럼 느껴진다고 생각할 수도 있어요. 하지만 생각해 보면 우리가 자꾸 아이와의 대화에서 실패하고 사이가 멀어지는 이유는 그 당연한 이야기를 하지 않고 감탄사나 감정적인 표현만 전했기 때문이죠. 지금 시작해도 늦지 않아요. 말 덧붙이기를 통해서 아이와 어제와는 다른 아름다운 대화를 시작해 보세요. 좋은 게 있는데 굳이 그 시작을 미룰 필요는 없으니까요.

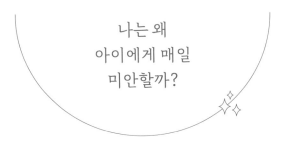

나는 왜
아이에게 매일
미안할까?

참 이상하죠. 모든 부모가 어제도 그리고 오늘도 정말 자신의 모든 것을 바쳐서 아이를 키우고 있는데, 왜 늘 미안한 마음만 드는 걸까요? 하고 싶은 것과 사고 싶은 것을 모두 참고, 모든 우선순위에 아이를 두고 살고 있으면서도 말이죠. 게다가 매일 아침 "오늘 더 사랑하자!"라고 외치고 있는데, 자꾸 미안한 마음만 드는 이유는 뭘까요?

아이를 잠재우고 저녁에 혼자 있는 시간이 오면, 많은 부모님들이 이런 후회를 하게 되죠.

"아까 아이에게 왜 그렇게 화를 냈을까?"

"그때 조금만 더 참고 웃으며 안아줄걸."

"나는 좋은 부모가 아닌 걸까?"

"이제는 좀 덜 미안하고 싶은데."

"내 수준이 낮아서 내 아이가
제대로 크지 못하는 건 아닐까?"

그래요, 미안한 마음의 원인은 바로 여기에 있습니다. 스스로 자신이 부족한 부모라는 마음이 들어서 그렇죠. 이런 힘든 마음이 우리를 계속 미안하게 만듭니다. 하지만 그 힘든 굴레에서 벗어날 방법이 하나 있어요. 여러분은 그 방법이 뭐라고 생각하세요? 자신감을 갖는 주문일까요? 전혀 그런 게 아닙니다. '아이에게 제대로 사과하기'가 그 방법입니다. 아이에게 필요 이상으로 화를 내는 이유는 나약한 마음 때문입니다. 나 자신에 대한 불신과 불안한 마음을 엉뚱하게 아이를 혼내며 발산하는 거죠.

문제는 아이에게 필요 이상으로 분노하며 화를 낸 후에 제대로 사과를 하지 않는다는 사실에 있습니다. 기껏해야 "화내서 미안해"라는 말이 전부죠. 아이에게 잘못했다는 생각이 들 때, 바로 확실하게 사과를 해야 합니다. 그래야 나약한 내면과 마음에 자신감을 심어줄 수 있죠. 자신의 능력을 믿는 강한 사람은 사랑하는 사람에게 화를 내지 않죠. 아이에게 사과를 하며 우리는 그런 사람으로 성장할 수 있습니다.

게다가 아이 입장에서는 매일 화를 내고 제대로 사과도 하지 않는 부모님의 행동이 이해되지 않을 가능성이 높아요. 매일 같은 일로 분노하고, 또 같은 언어로 미안하다고 하니, "이게 뭐지?"라는 의문이 들겠죠. 사과는 분명하고 진실해야 합니다. 그렇게 깨끗하게 사과를 해야 부모 입장에서도 미안한 마음이 들지 않고, 아이도 분명하게 상황을 인식할 수 있어 좋습니다. 이런 식으로 아이에게 사과를 하면 좋습니다.

"너도 엄마에게 못되게 말한 적 있지?
그때 그 말 정말 진심이었니?
맞아, 진심이 아니었지.
사람은 때로 마음에 없는 말을 한단다.
엄마가 정말 미안해."

"미안해, 아빠가 실수를 했네.
다음부터는 꼭 두 번 세 번 생각해서,

네 마음 아프지 않게 노력할게."

물론 이렇게 길게 말하지 않아도 괜찮습니다. 진실한 마음
이 녹아 있다면 이런 식의 말로도 충분히 아이에게 미안한 마음
을 전할 수 있습니다.

"많이 힘들었지?"

"정말 미안해."

"내가 더 잘할게."

우리 모두 아이에게 최고의 것을 주기 위해 노력하고 있죠.
마음은 모두 같습니다. 다만 순간순간 흔들리며 중심을 잡지 못
할 뿐입니다. 그럴 때마다 자신을 믿지 못하고 아이에게 화를 내
게 되죠. 실수하지 않는 사람은 없습니다. 사과하지 않는 사람만
있을 뿐이죠. 무엇보다도 강한 마음을 지녀야 할 당신의 미래를
위해, 지금부터는 더욱 진심을 담아 아이에게 사과하기로 해요.

Day
09

하는 일마다 잘 되는
행운만 가득한 집을 만드는
10가지 행복과 기쁨의 말

"내가 과연 할 수 있을까?"

"에이 나는 그런 건 못해요."

이렇게 부정의 언어로 말하는 사람이 많은 집과,

"노력하면 뭐든 가능하지!"

"지금 한번 시도해 봐야겠다!"

이렇게 희망의 언어로 말하는 사람이 많은 집은 전혀 다른 삶을 살게 될 것입니다.

"참 이상하네, 왜 늘 저 집만 잘 되지?" 이상하게 모든 행운이 그 집에만 찾아가는 것처럼 느껴질 때가 있죠. 다양한 이유가 있겠지만 본질은 매일 입에서 나오는 말에 있어요. 가족 구성원 모두가 어떤 힘든 상황에서도 좋은 부분을 찾아서, 긍정과 희망을 전해주는 말을 하면, 그걸 들은 구성원 모두가 늘 해낼 방법을 찾게 되죠.

행운은 단순하게 기적처럼 찾아오는 게 아니라, 될 방법을 찾아내려는 의지를 가진 사람에게 찾아가는 기분 좋은 손님과도 같습니다. 이렇게 가족 구성원 모두가 모든 상황에서 긍정과 희망을 찾아주는 말을 자주 들려주세요. 그럼 이전과는 달리 집에 늘 좋은 소식만 가득 찾아올 것이고, 아이 역시 특별한 행운을 자주 만나는 일상을 살게 됩니다.

"좋은 소식은 언제든 있어.
네가 찾기만 하면 되지."

"올해도 정말 멋지게 살았어.
내년에도 근사한 일만 생길 거야."

"가장 지혜로운 사람은
가장 긍정적인 사람이지.
늘 자신에게 좋은 것만 주니까."

"힘들어도 고개를 들고 희망을 부르자.
희망은 부르는 자의 것이니까."

"우리 힘들어도 자주 웃자.
운동으로 몸이 건강해지듯,
웃음으로 마음이 건강해지니까."

"우리 가족에게는 늘
행복한 일만 생길 거야."

"별처럼 반짝이는 네 하루,
우리가 늘 응원하고 있단다."

"네 웃음소리가
늘 우리를 기쁘게 해줘."

"늘 좋은 생각을 하면

늘 좋은 하루를 살 수 있어."

"오늘도 피아노 소리처럼
아름다운 하루 만들어보자."

뭐든 시작이 있으면 끝도 있죠. 부모와 아이의 삶도 결국 무
수히 시작하고 끝나는 일상의 반복입니다. 그 안에서 서로가 서
로에게 희망과 기쁨을 준 가정에는 늘 행운이 끊이지 않고 찾아
오죠. 행운도 좋은 자리를 찾아가길 원하기 때문입니다. 불행과
고통만 가득한 자리에 누가 가길 원하겠어요. 희망과 기쁨이란
그저 행동하겠다는 선택에서 나오는 결과입니다. 위에 소개한 말
로 여러분의 집에 행운을 초대해 주세요.

✦
행운의 신은 사랑이 가득해서 초대한 사람의 마음에,
결코 아픔을 주지 않으니까요.

Day
10

아이의 마음에 남은
상처를 치유하는
5단계 대화법

뭘 시작해도 제대로 끝낸 적이 없고
시험 때 아는 것도 실수로 틀리고
전혀 긴장할 상황이 아닌데 긴장하고
가만히 앉아 있지를 못해 분주하고
뭐든 너무 쉽게 포기하고 안주하고

주변을 둘러보면 아이들의 이런 부분을 걱정하는 부모님이
많이 계십니다.

상황을 보면 매우 다양한 문제가 나타나는 것처럼 보이지만 그 중심에는 '정서의 불안정'이 있어요. 정서가 안정적으로 유지되지 못하니 자연스럽게 서두르게 되고, 그래서 틀리니 조급해지고, 급해지니 뭐든 끝을 내지 못하고 안절부절못하는 사람이 되는 거죠. 이렇게 정서는 아이 삶에 매우 큰 영향을 미칩니다.

그럼 이제 우리는 어떻게 해야 할까요? 아이의 정서를 망치는 주요 원인이 무엇인지 파악해야죠. 가장 큰 원인은 부모가 자신도 모르는 사이에 아이 마음에 준 상처에 있습니다. 아이는 마음에 남은 상처를 매우 오랫동안 기억합니다. 어쩌면 평생 잊지 않을 수도 있어요. 실제로 어른이 된 후에도 자신이 어린 시절에 겪은 마음의 상처에 대해서 선명하게 기억하는 경우도 많죠. 여러분도 아마 공감할 겁니다.

그래서 아이 마음에 남은 상처는 저절로 사라지길 바라지 마시고, 부모가 나서서 빠르게 치유해야 합니다. 그렇게 하지 않으면 아이는 아무런 이유도 없이 자신을 혼냈고, 단지 기분이 나빠서 벌을 줬다고 오해하게 됩니다. 여러분의 어린 시절을 떠올려 보면 자연스럽게 그 상황과 감정을 이해할 수 있을 겁니다. 만약 아이가 유리컵에 물을 따라서 마시다가 실수로 컵을 깨뜨리는 상황에서 아이 마음에 상처를 줬다면 아래 소개해드리는 5단계 대화법으로 치유하는 대화를 시도하면 됩니다.

1. 상황 돌아보기

"그날 엄마가 왜 너를 혼냈다고 생각해?"
"유리컵을 깨뜨려서 그렇죠."

2. 아이 마음 꺼내기

"왜 엄마에게 도움을 청하지 않았어?"
"엄마는 청소로 바쁘신 것 같아서요.
제가 스스로 해서 도와주고 싶었어요."

3. 마음 안아주기

"그렇구나, 그런 네 마음도 몰라주고
엄마가 혼만 내서 억울하고 속상했지?"
"네, 그날 일이 너무 속상해서
아직도 마음이 아파요."

4. 이유 설명하기

"충분히 이해한단다.

하지만 엄마는 네가 다칠까봐 걱정한 거야.

네가 앞으로 조심하기를 바라는 마음이

오히려 너를 아프게 해서 미안해."

5. 긍정어로 마무리 하기

"다음에도 또 도와줄 수 있지?

그땐 지난 번보다 조금만 더 조심하면 돼.

네가 있어서 난 언제나 참 든든해."

부모라고 늘 이성적인 판단을 내릴 수는 없어요. 매일 이런
저런 감정에 흔들리며 기준도 원칙도 파도처럼 요동을 치죠. 하
지만 분명한 건, 나중에라도 바꾸고 수정할 수는 있다는 사실입
니다. "그럼 부모의 다친 마음은 누가 치유해 주나요?"라고 물
을 수도 있어요. 부모의 힘든 마음은 오히려 아이 마음에 생긴
상처를 치유해 주면서 저절로 나아집니다. 아이의 힘든 문제를
해결해 주면서 부모 스스로도 지혜로운 답을 찾게 되기 때문이
죠. 그러니 아이 마음에 상처를 줬다면 꼭 빠르게 대화를 통해
치유하는 게 필요하다는 사실을 기억해 주세요.

부모와 아이가
서로 존경하는 아름다운 가정은
말이 다릅니다

간혹 어떤 부모는 아이들이 무언가를 해낸 결과를 보며, 그러면 안 된다는 사실을 알면서도 다른 아이들과 비교하며 이렇게 말할 때가 있습니다.

"엄마 친구 아들은

이번에 성적이 올랐다던데."

"아빠 친구 딸은

알아서 책도 잘 읽는다고 하더라."

비교가 좋은 게 아니라는 사실을 누구보다 잘 알고 있지만, 간혹 아이가 어떤 일로 마음을 아프게 하거나 답답하게 만들면, 자신도 모르게 이런 말이 입술을 뚫고 나오게 되죠. 이 부분에서 중요한 사실은 "잘 알고 있지만"이라는 표현입니다. 스스로에게 질문할 필요가 있습니다. "나는 정말 잘 알고 있는가?" 안다는 착각에 빠져서, 그걸 변명으로만 사용하고 있을 가능성이 높기 때문이죠.

정말 잘 아는 사람은 '안다'라고 말하지 않아요. 그걸 '실천' 하느라, 안다고 말할 시간조차 없기 때문이죠. 비교의 언어는 그 성질이 매우 나쁘기 때문에 아이 성장에 매우 부정적인 영향을 미친다는 사실을 '제대로 아는 사람'은 결코 비교의 언어를 사용하지 않습니다. 그 결과가 눈에 선명하게 보이기 때문입니다. 비교의 언어가 불행의 시작인 이유는, 결국 다시 부모에게로 돌아오기 때문입니다. 바로 이렇게 말이죠.

"엄마가 나한테 해준 게 뭐가 있어.
내 친구 엄마는 원하는 거 다 사준다는데!"

"아빠가 나한테 그런 말을 할 자격이 있어?
내게는 아빠보다 차라리 스마트폰이 소중해!"

일상에서 여러분이 한마디 말을 잘못하면, 곧 아이에게 이런 악담과도 같은 비난의 말을 듣게 됩니다. 부모 입장에서는 듣기만 해도 가슴이 찢어지는 아픈 말이죠.

하지만 이 지점에서 우리가 깨달아야 할 것은 바로 이것입니다.

"내가 지금 가슴이 찢어지는 것처럼, 내 아이도 내가 다른 아이들과 비교했을 때 많이 힘들었겠구나. 나도 견디기 힘든데, 그 작은 아이가 그 시절에 내 모진 말을 어떻게 참고 견뎌냈을까. 비교하지 말고 사랑만 더 많이 전했어야 했는데."

상상만 해도 가슴이 아픕니다. 그런 힘든 상황을 맞이하고 싶지 않다면, 지금이라도 아이가 어떤 결과를 들고 왔을 때 이런 식으로 말해주는 게 좋습니다.

"이번에 얻은 네 결과가 생각보다
좋지 않다고 해도 실망할 필요는 없어.
모든 순간 너는 최선을 다했으니까."

"나는 최고의 결과를 내는 사람이 아니라,
최선을 다하는 네가 더 자랑스럽단다."

"가진 것을 가지고 최선을 다할 때,
비로소 우리는 최고가 될 수 있어."

"최선을 다했다면 나머지는 잊어도 돼.
네가 지금까지 보낸 시간이
널 최고라고 말하고 있으니까."

"최선의 노력은 우리의 능력을
하나하나 꿰는 실이란다.
아무리 많이 배운 사람도
노력하지 않으면 완성할 수 없어."

아이의 과정과 결과를 빛내는 이런 이야기를 자주 들려주면,
훗날 아이는 자신의 부모님에 대해서 이렇게 생각하게 됩니다.

"내 부모님이 내게 해주신 것은 다른 부모님들의 것들과 비교할
대상이 아니지. 비록 세상이 말하는 최고의 것들은 주지 못하셨
지만, 순간순간 내게 줄 수 있는 최선의 것을 주기 위해 많이 노
력하셨으니까. 내가 부모님의 자식이라는 사실이 난 늘 자랑스
러워."

부모가 아이에게 비교의 언어를 사용하며 아이가 이룬 결과의 가치를 낮추면, 아이도 부모에게 비교의 언어를 사용하며 자신을 키운 부모가 준 사랑의 가치를 낮춥니다. 하지만 반대로 부모가 아이의 과정과 결과를 빛낼 언어를 들려주면 아이 역시도 그 사랑의 빛나는 가치를 부모에게 전하죠. "그거 다 아는 이야기야" 이렇게 말만 하지 마시고, 훗날 여러분이 듣고 싶은 말을 지금 아이에게 전해 주세요.

대화가 서툰 부모를 위한
맞춤형 6가지 식탁 대화법

지성과 인격

식탁에서 얻을 수 있는 또 하나의 즐거움이 바로 아이의 지성과
인격을 성장시킬 수 있다는 것입니다. 중요한 가치라는 사실은
누구나 알고 있지만, 학원이나 학교에서 배울 수 없는 것이라 더
욱 소중하죠. 아이들에게 반드시 필요한 일상의 예절과 소중한
사람을 배려하는 법, 기분 좋게 반응하며 상대에게 좋은 마음을
전하는 자연스러운 방식까지 식탁 대화를 통해 알려줄 수 있으
니 아래에 소개하는 말을 잘 참고하셔서 실천하시면 됩니다.

"즐거운 시간으로 만들고 싶다면
상대방이 유쾌한 이야기를 했을 때
기분 좋게 웃어주는 게 필요해."

"농담 하나에도 지혜가 녹아 있단다.
기분 나쁜 농담은 하지 않는 게 좋아."

"무슨 말을 하든지
늘 웃으며 말할 수 있다면,
좋은 마음을 전할 수 있단다."

"'오늘은 무슨 일이 있었어?'
'내일은 계획이 뭐야?'
이런 사소한 질문이
상대방을 기분 좋게 해준단다."

66일
밥상머리
대화법

4장

규칙과 질서를
알려주는 대화 11일

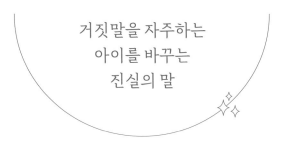

거짓말을 자주하는
아이를 바꾸는
진실의 말

"게임을 하고 있었구나." 분명 게임을 하는 모습을 보며 다가가 말을 걸었는데, 급하게 후다닥 치우며 "아닌데요, 게임 안 했어요"라며 거짓말을 태연하게 하는 아이가 있습니다. 그럴 때는 허탈하기도 하고 난감하죠. '왜 이러는 걸까? 눈으로 직접 봤는데 그걸 거짓말을 하다니.'

"아이 교육을 잘 시켰는데
대체 왜 거짓말을 하는지 모르겠어요."

"다른 건 다 참을 수 있지만,

눈에 뻔히 보이는 거짓말을 하는 건 참을 수가 없네요."

부모의 이런 푸념과 아이를 향한 실망감은 시간이 지날수록 커집니다.

사람들은 보통 아이가 잘못하거나 거짓말을 하는 등 품성과 인성에서 문제를 보일 때, 혼을 내거나 꾸짖는 선택을 하죠. 하지만 아이가 그런 모습을 보여줄 때는 아이를 직접적으로 혼내는 것보다는, 이런 질문을 던지는 게 좋습니다.

"아이가 아니라 평소에 던지던,

내 말에 어떤 문제가 있지 않았을까?"

그냥 아무런 이유도 없이 거짓말을 하는 아이는 없습니다. 거짓말도 생각이 필요한 일인데, 굳이 그럴 필요가 없으니까요. 거짓말에는 늘 발단이 되는 일이 있어요. 가령 부모님과 어떤 약속을 했는데 지키지 못할 상황에 놓인 경우 혼나지 않으려고 거짓말을 생각하게 되죠. 예를 들자면 이런 방식입니다.

"매일 책을 한 장 읽기로 약속했는데, 하루 종일 노느라 한 줄도 읽지 못했네, 어쩌지?" 그러다가 아이는 이런 결론에 도착하죠. "에이 모르겠다. 내가 책을 읽었는지 안 읽었는지 엄마가 어떻게 알겠어? 그냥 읽었다고 말하자." 하지만 그런 거짓말은 부모의 이런 확인 질문을 통해 금방 들통이 나죠. "오늘은 어느 부분을 읽었니? 엄마에게 이야기 좀 들려주겠니?" 당연히 읽지 않고 읽었다고 거짓을 말한 아이는 입을 열지 못하게 되겠죠. 그럼 분노한 부모님은 이런 말로 아이를 공격합니다. "누가 거짓말을 하라고 했어!", "약속도 제대로 지키지 않고 거짓말까지 하다니!", "엄마는 너무 실망이야. 약속도 지키지 않는 자식이라니!"

　　마치 공격하듯 퍼붓는 부모의 말이 아이에게는 지워지지 않는 상처가 되죠. 물론 잘못한 아이에게 약속의 가치와 거짓을 말하지 않는 태도를 가르치는 건 매우 중요한 일입니다. 하지만 교육과 분노는 다르죠. 이걸 분명히 구분하고 아셔야 합니다. 화를 내는 순간 교육의 기회는 사라집니다. 서로를 향한 분노의 질주만이 남을 뿐이죠. 시간이 날 때마다 이런 식의 '진실의 말'을 들려주세요.

　　"진실하다면 아무런 걱정이 없지.
　　언제 어디서나 당당할 수 있으니까."

　　"혼나는 게 무서워 거짓을 말하면,
　　들통이 나서 또 혼나니 두 번 혼나지."

"약속을 지키지 못해서 걱정이 되면,
사정을 설명하고 다음에 지키면 되지."

"거짓을 말하는 사람은 중요한 걸 자주 잊지.
자신의 거짓말을 계속 기억하고 있어야 하니까."

"하지 않을 일을 했다고 말하는 건,
자신을 속이는 최악의 선택이란다."

"거짓을 말하면 기분이 정말 안 좋지.
자신이 쓸모없는 사람처럼 느껴지니까."

거짓말을 반복하는 이유는 반대로 진실의 가치를 제대로 모르기 때문입니다. 가치를 안다면 굳이 거짓을 선택하지 않겠죠. 또한, 가장 중요한 건 부모가 먼저 아이에게 거짓을 말하면 안된다는 사실입니다. 변하지 않는 진리라고 할 수 있어요. 진실을 자주 보며 자란 아이는 거짓의 존재조차 알 수 없게 되니까요.

학교 갈 준비를 안 하고
느릿느릿 꾸물대는 아이를
시원하게 바꾸는 말

이미 학교에 늦었는데 오히려 더 꾸물대고
밥 먹을 때도 혼자만의 상상에 빠지고
학원에서 내준 숙제도 하지 않고

　이렇게 정해진 시간 내에 해야 하는 일들을 느린 행동 때문에 늘 하지 못하는 아이가 많이 있습니다. 아침이면 늘 전쟁입니다. 부모의 마음은 급한데, 아이들은 뭘 믿고 이렇게 느릿느릿 꾸물대는 걸까요? 침대에서 일어나, 세수를 하고, 식탁에 앉는 과정 하나하나를 지켜보면 정말 속이 타들어 가는 기분입니다.

이미 늦은 상황인데 방에서 만화책을 읽고 있고, 칫솔을 들고 여기저기 돌아다니며 놀고 있는 모습을 보면 짜증이 폭발합니다. 다 준비했다고 생각했는데 양말을 안 신어서 다시 방에 들어가고, 갑자기 또 화장실에 가고 싶다고 해서 시간은 점점 촉박해집니다. 그래서 평소보다 30분 일찍 깨워서 무려 등교 90분 전에 기상을 해도 별 소용이 없습니다. 안타깝게도 아무리 일찍 깨워도 결과는 다르지 않죠.

정해진 시간 안에 반드시 해야 할 것들을 해내지 못하는 아이에게는 일의 가치와 우선순위, 그리고 철저한 시간 관리와 자신이 한 일에 대해서 책임지는 태도에 대해 알려줘야 합니다. 아이와 나누는 일상 곳곳에서 다음에 소개하는 말을 대화를 통해 활용해 주세요. 처음이라 적용이 쉽지 않다면, 일단 아이와 함께 낭독과 필사를 통해 위에 나열한 가치를 익숙해지게 하는 것도 좋습니다.

"밤에는 의자를 사지 않는다는 말이 있어.
너무 피곤해서 앉고 싶은 마음에
모든 의자가 좋아 보이기 때문이지.
그렇게 의자를 사면 다음날 후회하게 되니까.
좋은 선택을 하려면 늘 생각하고 있어야 해.
그래야 지혜롭게 뭐든 해낼 수 있단다."

"지금 막 끓인 맛있는 라면이랑
빵 하나가 식탁에 놓여 있다면,
뭘 먼저 먹어야 한다고 생각하니?
그래 네 말이 맞아,
불기 전에 라면을 먼저 먹어야지.
그렇게 세상에는 먼저 해야 하는 일이 있고,
그걸 우선순위라고 말한단다."

"독서는 물론 중요한 활동이지만,
책을 읽지 않는 시간도 역시 소중하단다.
책을 읽지 않을 때 우리는
사람이나 세상 등 다른 것을 읽고 있으니까.
우리가 보내는 시간은 언제나 모두 소중해.
그게 바로 우리에게 주어진 1초까지도
소중하게 여겨야 하는 이유란다."

"세계 최고의 실력을 가진 요리사라고 해도
식재료를 그냥 눈으로 노려보는 것만으로
요리가 완성되지는 않지.
아무리 실력이 뛰어난 요리사도
눈으로 요리를 해낼 수는 없단다.

생각하는 것을 직접 실천에 옮겨야
비로소 원하는 결과를 낼 수 있어."

"세상에서 가장 큰 낭비가 뭔지 아니?
바로 자신의 시간을 낭비하는 거야.
그런데 그것보다 더 큰 낭비가 있어.
자신이 시간을 낭비했다는 사실에 대해
후회하며 또 시간을 낭비하는 거지.
지금 반드시 해야 할 것을 하지 않으면,
나중에 누구나 그렇게 될 수 있단다."

"하루에 식사를 5번 넘게 하면서
잠자기 전에 치킨과 피자까지 먹는다면,
과연 그 사람의 건강이 좋을 수 있을까?
결국 한 사람이 가진 평균 이상의 지방은
무절제한 식습관이 준 결과라고 볼 수 있지.
자신을 제어하지 못하고 책임지지 못하면 병원에 가서,
의사와 식단의 제어를 받게 되는 거란다."

매사에 최선을 다하지 않고 느릿느릿 움직이는 아이들에게
는, 무언가를 시도하고 결과를 내는 삶의 가치를 알려주는 부모

의 말이 필요합니다. 그 안에 '일의 가치'와 '우선순위', 그리고 철저한 '시간 관리'와 자신이 한 일에 대해서 '책임지는 태도'가 자연스럽게 녹아 있다면, 부모와 나누는 대화를 통해서 아이들은 스스로 자신을 바꿀 위대한 결심을 하게 되죠. 아이와 대화를 나눌 때, 늘 가치에 대해서 생각해 주세요. 변화는 매우 어려운 일이지만, 가치를 깨닫게 되면 오히려 변화는 매우 쉽게 이루어지기 때문입니다.

산만하고 집중하지 못하는
아이를 차분한 아이로
만드는 말

아무리 지적해도 말을 듣지 않는 아이

집중력이 부족하고 늘 서투른 아이

경청하지 못하고 안절부절못하는 아이

문제를 끝까지 풀지 못하고 멈추는 아이

몸의 각 부위를 쉬지 않고 움직이는 아이

어떤가요? 이런 아이의 모습을 상상만 해도 가슴이 답답하
고 마음이 아프지요. 이런 아이들이 사는 가정을 보면 공통점으
로 부모가 일상에서 이런 모습을 보입니다. 크게 4가지로 정리하

면 이렇습니다.

1. 큰 소리로 아이들의 기를 죽이기
2. 윽박질러 의견을 받아들이게 만들기
3. 충분히 설명하지 않고 대충 넘어가기
4. 예쁜 언어가 아닌 생각나는 대로 말하기

위에 나열한 것을 반대로 하면, 산만한 아이를 차분하게 만들 수 있겠죠. 아이의 몸과 마음을 움직이는 것은 언제나 부모의 말이기 때문이죠.

부모는 아이 앞에서 말하거나, 사소한 거라도 일상에서 무언가를 결정할 때, 두 번 이상 생각하는 습관을 가져야 합니다.

그런 삶을 살고 싶다면 자신과 아이에게 이런 이야기를 자주 들려주는 게 좋아요.

"우리 앞으로 한 번 더 생각하고 말할까?"

"같은 표현도 예쁘게 바꾸려면 어떻게 해야 할까?"

"어떻게 하면 충분한 설명이 될 수 있을까?"

가급적이면 아이와 대화를 나눌 때, 차분한 음성으로 천천히 말하는 게 좋아요. 차분한 음성은 마음까지 평온하게 해주니까요. 맞아요. 원래 말이 빠른 사람이 있죠. 그럼 의식적으로 조금 느리게 해보는 것도 좋아요. 그 변화를 아이가 눈치채지 못할 리 없으니까요.

또한, 위에 쓴 세 가지 질문을 아이와 함께 낭독과 필사를 하는 것도 좋은 방법입니다. 읽고 쓰면서 천천히 언어를 음미할 수 있답니다. 말을 천천히 하는 게 힘들다면, 필사를 자주 하시는 것도 좋은 방법이죠. 어떤 필사도 말보다 빠를 수는 없으니까요.

산만한 태도와 집중하지 못하는 아이의 상태는 고칠 수 없는 고질적인 병이 아닙니다. 가정에서 언어를 기품 있게 사용하면, 대부분의 나쁜 습관은 쉽게 사라집니다.

◆

음식을 즐기듯
언어를 천천히 음미할 수 있게,
충분히 설명하고 예쁘게 말해 주세요.

못된 행동과 나쁜 말을
하는 아이를 바꾸는
칭찬의 말

아이들은 올바른 행동으로 부모의 주목을 받지 못하면, 다음에는 그릇된 행동으로 부모의 주목을 받으려고 노력합니다. 이게 정말 무서운 사실인 이유는, 주목을 받으려는 같은 마음에서 시작했지만 결과는 너무나 다르기 때문입니다.

세상에 처음부터 못된 행동과 나쁜 언어를 쓰는 아이는 없어요. 아이가 보여주고 싶었던 온갖 좋은 마음을 부모가 발견하지 못했기 때문에, 아이는 그릇된 행동이라는 다른 시도를 통해 관심을 받고 싶었을 뿐입니다. 아이 입장에서는 정공법이 통하지 않으니 다른 방법을 찾은 거죠.

아이에게는 그저 새로운 시도일 뿐, 그게 나쁜 것인지도 제대로 알지 못합니다. 아이의 기준에서 볼 때 나쁜 것은 부모의 공감을 받지 못하는 방법입니다. 최악의 분노와 원망으로 부모의 관심을 받게 되면 아이에게 최고의 방법은 분노와 원망이 되는 거죠. 그러므로 아이가 못된 행동과 나쁜 언어를 사용할 때는 그 모습 자체를 혼내기보다는, 아름다운 언어와 좋은 행동을 할 때 놓치지 않고 발견해서 칭찬하는 게 중요합니다.

이런 방식의 표현을 꼭 기억해서, 적절한 순간 아이에게 들려주세요.

"와, 지금 그 말 정말 예쁜 표현이네."

"이번에 네가 보여준 행동 참 근사했어."

"좋은 이야기를 들으니 마음도 예뻐진다."

"네가 있어서 엄마가 얼마나 행복한지 몰라."

"앞으로도 우리 좋은 마음 나누며 지내자."

나쁜 것을 지적하면 아이는 계속 나쁜 것을 지속하지만, 좋은 것을 발견해서 격려하면 반복해서 좋은 것을 하려고 노력합니다. 다시 말해서, 부모가 아이의 좋은 것을 발견하면 아이는 그걸 반복해서 보여주고, 나쁜 것만 바라보면 나쁜 것만 반복해서 보여줍니다. 그러니 더 사랑해 주세요. 사랑의 기쁨을 아이가 느끼며, 올바른 방식으로 주목받는 행복을 느낄 수 있도록 말이죠.

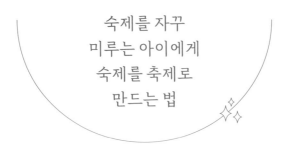

숙제를 자꾸
미루는 아이에게
숙제를 축제로
만드는 법

학교나 학원에서 돌아오면 가방을 바로 구석에 던져 버리고, 놀이에만 무섭게 집중하는 아이의 모습을 바라보며, 부모의 입에서는 이런 말이 저절로 나옵니다.

"너 숙제는 다 하고 노는 거니!"

"숙제부터 먼저 하고 놀아야지!"

"대체 커서 뭐가 되려고 그러니!"

매일 반복되는 잔소리 3종 세트입니다. 그런데 한번 생각해보죠. 매번 이렇게 잔소리를 하고 때로는 혼내기도 하는데, 아이들이 말을 듣지 않는 이유는 뭘까요? 정말 간단합니다. 루틴처럼 외치는 "너 숙제는 다 하고 노는 거니!"라는 말이 아이를 변화시키지 못하기 때문이죠. 다시 말해서 스스로 숙제를 하는 아이로 만들기 위해서, 다른 말을 써야 한다는 사실을 의미합니다.

변화를 위한 중요한 지점은 바로 여기에 있습니다. 사실 숙제를 해야 할 시간은 따로 정해져 있는 게 아니죠. 단지 부모 입장에서는 아이가 숙제를 계속 미루다가 결국 잠들기 전까지 하지 않고 시간만 보낼까봐, 걱정이 되어서 그런 선택을 했던 거죠. 물론 실제로 무작정 숙제를 미뤄서 다음 날 아침에 난리가 일어나거나 화를 키운 적도 많을 겁니다.

처음에는 잘 되지 않을 수도 있지만, 아이가 스스로 숙제할 시간을 정하게 하는 게 좋습니다. 평생 숙제를 하라고 따라다니며 말할 수는 없으니까요. 결국 숙제의 목적은 스스로 공부하게 만드는 것에 있습니다. 숙제 자체가 중요한 것이 아니라, 매일 자신에게 주어진 의무에 대한 책임을 지는 훈련과 연습을 하는 게 그 목적이죠. 그 목적에 맞게 아이 스스로 움직이게 하는 게 좋습니다.

또 하나 기억해야 할 사실은, 결과에 많은 관여를 하지 않는 게 좋다는 것입니다. 주변을 의식해서 숙제를 최대한 잘하게 하려는 시도는, 아이가 숙제 자체를 기피하게 만들 수 있습니다. 스스로 정한 시간에, 스스로 시작해서, 스스로 끝냈다는 사실에 방점을 찍는 게 좋습니다. 그게 아이를 위한 가장 아름다운 선택입니다. 숙제를 하기 전과 후에 이런 말로 그런 상황을 만들어가시면 아이에게 도움이 됩니다.

"언제 숙제하는 게 가장 좋겠니?"

"집중이 가장 잘 되는 시간이 언제야?"

"숙제하면서 뭐가 가장 기억에 남았어?"

"혹시, 더 알고 싶은 게 있니?"

"몇 시간이면 숙제를 다 할 수 있을까?"

"오늘은 어떤 숙제를 해야 하니?"

그냥 나온 말이 아닙니다. 표현 하나하나가 매우 섬세하게 아이의 마음을 긍정적으로 자극하는 말이죠. 스스로 숙제를 시작해서, 느낀 것들을 마음에 담고, 숙제를 통해 다른 부분에 대한 공부 의욕도 끌어낼 수 있는 부모의 말들입니다. 이제 더 이상 숙제로 싸우지 마세요. 숙제는 어떻게든 마무리를 해서 치워야 할 대상이 아니라, 앞으로 살아갈 아이의 공부 태도를 아름답게 만드는데 반드시 필요한 과정이라고 생각하시는 게 좋습니다.

"인생을 숙제하듯 살지 말고, 축제하듯 살자"라는 말이 있습니다. 좋은 말이지만, 더 좋은 말로 바꿀 수 있죠. 이렇게요. "축제하듯 숙제를 하면서 살자." 숙제를 억지로 해야 하는 것으로 받아들이면 자꾸만 부정적인 방향으로 흐르게 됩니다. 하지만 아이의 공부를 돕는 긍정의 의미로 받아들이면, 얼마든지 '축제처럼 즐기는 숙제'로 만들 수 있어요. 뭐든 생각하기 나름이고, 그걸 현실로 구현하는 건 부모의 말입니다.

불평하고 투정 부리는 아이를
소리치지 않고 바꾸는 법

함께 즐겁게 만든 피자를 먹기 위해서 8조각으로 잘라서 아이에게 줬는데, 아이가 만약 불평이 가득한 음성으로 "왜 내 피자는 이렇게 작은 거야?"라고 말한다면 어떻게 답하는 게 좋을까요?

늘 마주치는 상황인데, 늘 적절한 답변을 하기 참 힘들죠. 말이라는 것이 참 힘들어요. 갑자기 잘하기도 힘들고 적절한 말은 더 찾아내기 힘들기 때문이죠.

아마 처음에는 그런 아이의 투정에 친절하게 대응하다가도, 불평이 반복되면 분노가 치밀어 오르면서 본격적으로 못된 말이 나오기 시작할 겁니다.

"뭐라고? 한번 크기 재볼래?
크기 같으면 너 혼날 줄 알아!"

"엄마가 널 속였겠니!
크기는 다 같으니까,
불평 말고 어서 먹기나 해!"

그러나 화가 나도 이런 식의 말은 좋지 않아요. 아이는 수학
적인 사실이나 증명을 원하는 것이 아니기 때문이죠. 아이는 공
감을 원하는데 부모는 수학을 하려고 하니 거기에서 바로 어긋
나는 거죠. 아이가 음식을 대할 때 크기를 이유로 불평을 말할
때는 최대한 수용하는 마음으로, 이렇게 다정하게 말하면 좋습
니다.

"피자를 많이 먹고 싶었나 보구나."

"그래, 조금 더 줄게 맛있게 많이 먹으렴."

이렇게 마음을 이해하면 답은 간단하게 나옵니다. 시험을

볼 때도 그랬죠. 문제 자체를 이해하면 답은 순식간에 모습을 드러내죠. 너무 많이 먹는 건 문제가 되지만, 건강상으로 문제가 없다면 굳이, 아이와 승부를 겨루듯 말하지 않아도 됩니다. 그래야 소리를 치지 않고 아이를 바꿀 수 있어요.

이번에는 실천할 수 있는 방법을 알아보죠. 다음에 제시하는 3가지 대화법을 통해, 최대한 소리치지 않고 아이를 바꿀 수 있습니다.

1. 지시가 아닌 생각을 자극하기

"10분 밖에 안 남았다.
빨리 옷 갈아 입어."

→

"앞으로 10분 남았으니까,
옷 갈아 입는 게 좋겠다."

2. 확정하지 말고 가능성 부여하기

"어제 또 늦게 잤지?
그러니 매일 아침에 서두르지!"

→

"오늘부터는 밤에
좀 일찍 자는 게 어때?
그럼 조금 더 여유롭게
아침을 즐길 수 있을 것 같아."

3. 절망이 아닌 희망을 주기

"너 또 숙제 안 했지!
왜 늘 약속을 지키지 않는 거야!"
→
"네가 숙제를 제대로 한다면,
조금 더 웃을 일이 많아질 것 같아."

아이와의 대화는 승부를 겨루거나, 반드시 교훈을 줘야만 하는 것이 아닙니다. 그 마음이 오히려 투정 부리는 아이를 만들죠. 아이의 투정과 불평은 이기려는 부모에게 던지는, 최후의 반항이라고 볼 수도 있습니다. 아이가 잘못했을 때 화를 내고 소리치고 싶은 마음을 다스리는 건 쉬운 일이 아닙니다. 하지만 이 말을 기억해 주세요.

✦

가르칠 때는 정확하게 가르쳐야 하지만

마음을 안아줘야 할 때는,

조금 더 따스한 온도의 언어가 필요합니다.

Day
07

‘이걸’ 모르는 아이는 결국
사춘기 이후 심각하게
방황합니다

"인간은 왜 사는 걸까?"

"공부하는 게 의미가 있을까?"

"엄마 아빠는 날 진짜 사랑해?"

"난 아무도 사랑하지 않아."

"별로 살고 싶지가 않아."

사춘기를 맞은 아이들이 자주 고민하는 문제입니다. 존재의 근원과 본질을 묻는 '철학적인 문제'라고 생각할 수도 있지만, 사실은 그런 대단한 게 아닙니다. 사춘기를 맞은 모든 아이가 이런 문제로 고민하지는 않기 때문입니다. 세상에는 유독 이런 문제로 부모의 속을 심각하게 태우는 아이들이 있는데, 원인은 바로 '왜'를 묻지 않았던 세월에 있습니다.

우리를 둘러싼 모든 사물과 관계, 그리고 공간은 수많은 '왜?'의 결합으로 이루어져 있습니다. 질문하고 답을 찾는 과정에서 나온 결과들이니까요. 그래서 아주 어릴 때부터 "왜?"에 대한 부분을 습관처럼 들려주며 관심을 갖게 하는 게 중요하죠. 반면 어릴 때부터 부모와 주변 어른들에게 이런 식의 말을 자주 듣고 자란 아이는 일상에서 "왜?"를 지우고 살았던 것과 마찬가지입니다.

"돈가스가 뭐 다 같은 거지,
뭐 특별한 돈가스가 있겠냐!"

"별것도 아닌데 이 난리네,
세상일이 다 그렇고 그런 거지."

"문제집이 뭐 다 거기서 거기지.

네가 노력을 해야할 것 아니냐!"

"인생 뭐 특별할 거 없다.
남들처럼만 살면 되는 거야."

뭐든 특별한 건 없고, 이유는 생각도 할 필요가 없으며, 모든 게 다 그게 그거라고 생각하면, 그 순간부터 아이는 '왜'를 묻지 않게 되면서 생각을 멈추게 됩니다. 몸은 자라지만 생각은 어릴 때 그대로의 모습으로 남게 되는 거죠. 생각해 보세요. 그러니 사춘기가 되면 방황을 하게 되죠. 몸은 컸는데 생각과 내면의 크기는 어릴 때 그대로이니까요. "왜?"가 없는 일상을 보냈기 때문에 찾아오는 고통입니다.

다양한 예시를 준비했으니 상황에 맞게 적절히 변주해서 활용해 주세요. 생각을 전환하는 데 도움이 되는 글이니 문장 자체를 함께 필사하셔도 좋습니다.

"이 지우개와 저 지우개는
어떤 차이점이 있는 걸까?"

"국에 고추장을 넣으면 어떻게 될까?
왜 그렇게 된다고 생각하니?"

"왜 놀러가서 먹는 라면은
집에서 먹을 때보다 맛나는 걸까?"

"몰랐던 것을 알게 되면
우리의 하루가 어떻게 달라질까?"

"오늘 아침 기분은 어떠니?
어제랑 다른 점이 뭐야?"

"저 기계는 왜 있는 걸까?
어디에 쓰면 좋을까?"

"세상에 저절로 일어나는 일은 없지.
우리 이유가 뭔지 한번 같이 생각해보자."

"오늘은 어제보다 햇살이 더 밝은 것 같아.
너는 어떻게 생각하니?"

"작년에 먹었던 쌀은 찰기가 없었는데,
올해 선택한 쌀은 조금 다른 것 같지 않니?"

사춘기가 되기 전에 이 사실을 알았다면 얼마나 좋았을까요. 어릴 때부터 시작하면 더욱 좋지만, 지금 시작해도 늦지는 않습니다. 그러니 이제는 일상에서 '왜?'를 삭제하지 마시고, '왜?'가 충분히 녹아든 이런 방식의 말을 자주 들려주세요. 처음에는 말이 통하지 않을 수 있어요. 하지만 말은 세상에서 가장 잘 듣는 마음의 보약입니다. 자꾸 들려주면 결국 아이는 들은 대로 살게 됩니다.

Day
08

아이의
도덕성과 자제력을 길러주는
3가지 말의 규칙

"남자가 그거 하나 못 참니!"

"여자가 그렇게 행동하면 되겠어?"

"왜 약속을 하고 지키지 않는 거야!"

분노하며 자신을 주체하지 못하는 아이에게 이런 말은 좋지 않죠. 오히려 나쁜 영향만 주게 됩니다. 부모와 아이 사이에는 서로 협의한 수많은 약속이 있죠. 그런데 왜 아이들은 매일 그

약속을 깨는 걸까요? 이유는 간단합니다. 약속은 원래 지키기 어려운 거라서 그렇습니다. 약속을 구성하는 감정에는 크게 '도덕성'과 '자제력'이 있어요.

그런데 어릴 때 교과서에서 혹은 주변 어른들에게 워낙 자주 듣고 자라서 우리는 '도덕성'과 '자제력'이 손쉽게 가질 수 있는 거라고 착각하고 있습니다. 그러나 실제로 도덕성과 자제력은 아무에게나 기대할 수 없는 가지기 어려운 가치입니다. 그래서 도덕성과 자제력에 관련된 문제로 아이를 억압하거나 비난하는 것은 매우 안 좋은 선택입니다. 이런 식의 표현이 대표적입니다.

"어른 보면 큰 소리로 인사하라고!"

"30분만 하고 게임 그만하기로 했지!"

"밥 먹거나 숙제할 때 딴짓하지 말라고!"

아이에게 그런 방식의 말을 전할 때는, 꼭 다음에 제시하는 3가지 사항을 통해 효과적으로 바꿔서 들려주는 게 좋습니다.

1. 어려운 일이라는 사실을 기억하기
2. 남과 비교하지 말고 내 아이만 보기

3. 조금씩 나아지는 과정을 즐기기

이렇게 3가지 사항을 넣어서 위에 언급한 말을 수정하면 이렇게 바꿀 수 있습니다. 같은 말이 순식간에 어떻게 바뀌는지 경험해 보시면, 그 가치와 효과도 짐작할 수 있게 됩니다.

"어른을 보면 큰 소리로 인사하라고!"

→

"인사를 처음부터 잘하는 건 어려운 일이야.

그런데 이렇게 열심히 하려고 하니까,

엄마는 그 마음이 참 보기 좋다."

"30분만 하고 게임 그만하기로 했지!"

→

"게임은 한번 빠지면 멈추기 힘들지.

정말 어려운 일이라서 쉽게 되지 않아.

그래도 다음에는 꼭 지키기로 해보자."

"밥 먹거나 숙제할 때 딴짓하지 말라고!"

→

"가만히 앉아 있으면 심심하지.

누구든 심심한 시간은 견디기 힘들어.

우리 5분부터 시작해서 조금씩 늘려가보자."

"그건 정말 쉬운 일인데 넌 왜 못하니!"라고 말하면 아이는 자책하게 되죠. "다들 쉽게 하는 쉬운 일인데 난 왜 못하지?" 하지만 반대로 "그건 누구에게나 쉬운 일이 아니란다. 꽤 어려운 일이지. 하지만 해볼 가치가 있어."라고 말하게 되면, "그래 모두에게 쉽지 않은 일이라서 나도 이렇게 잘 되지 않는구나. 그래도 해볼 가치가 있는 일이니 한번 해보자!"라고 생각하게 됩니다. 말의 방향을 조금만 바꿔도 이렇게 얼마든지 아이 마음을 움직이는 말로 표현할 수 있습니다.

아주 어린 아이 역시 마찬가지입니다. 비록 말은 알아듣지 못하지만, 부모의 이야기를 들으며 그 순간의 표정과 뉘앙스로 느끼게 되죠. "이걸 아이가 이해할 수 있을까?"라는 의문은 완전히 버리고, "이해할 수 있을 때까지 좀 더 쉽게 그리고 자주 들려주자"라는 시도가 필요합니다. 그게 반복되면 그 노력과 사랑을 아이가 몰라볼 수 없을 테니까요.

아이가 자신의 행동을 바꾸는 것도 어려운 일이지만, 부모가 자신의 말을 바꾸는 것도 똑같이 어려운 일입니다. 그간 사용하지 않았던 단어와 표현을 사용해야 하기 때문이죠. 그래서 제가 제시한 3가지 방법과 바꾼 3개의 말을 낭독하고 필사하며 내면에 담는 과정이 꼭 필요합니다. 친근하게 느껴져야 적절한 시기에 아이에게 말할 수 있기 때문입니다. 이것 하나만 더 기억해 주세요.

✦

변화는 실천하는 자의 특권입니다.

Day
09

아이의 내면의 힘과
책임감을 길러주는
지혜롭게 혼내는 법

아이를 기르는 집에서는 이런 아우성이 그치지 않고 들리죠.

"그거 동생이 그런 거야.
나는 아무런 잘못도 없어!"

"아니야, 형이 그랬어.
나는 그냥 보기만 했다고!"

"억울해! 난 잘못이 없다니까!"

물컵이 엎어지고, 옷이 더러워졌는데 아이들은 모두 책임을 회피하며 책임을 지지 않을 때, 부모의 마음은 '아이들이 이렇게 말해주면 얼마나 좋을까?'라는 생각을 하게 되죠.

"동생은 아무런 잘못이 없어요.
제가 그랬어요, 조심해야 했는데."

"너무 걱정하지 마세요.
제가 엎질렀으니, 제가 치울게요."

어떤가요? 내 아이가 이렇게 자신의 잘못을 회피하지 않고, 근사하게 인정하고 마무리까지 완벽하게 해낸다면 정말 행복하지 않을까요? 어렵지 않습니다. 다음에 제시하는 지혜롭게 혼내는 3단계 방법을 통해서 누구나 실천이 가능합니다. "우리 아이는 7살인데 가능할까요?" 이렇게 묻는 분들도 계십니다. 하지만 나이와 전혀 상관없이 모두 가능합니다. 이 방법을 통해 많은 아이가 실제로 변화되었으니, 자신감을 갖고 시작해 보세요.

1. 아이를 안심시키기

어른도 마찬가지입니다. 누구나 물을 엎지르는 실수를 할 수 있어요. 그때 여러분은 주변 사람들에게 어떤 말을 듣고 싶나요? "넌 왜 그 모양이냐?", "어른이 칠칠맞지 못하게 왜 그래? 조심하지!" 이런 잔소리는 싫겠죠. 아이도 마찬가지입니다. 늘 내가 듣고 싶은 말을 아이에게 한다고 생각하면 후회가 없습니다. 이런 말로 놀란 아이 마음을 안아주세요.

"괜찮아, 누구나 실수할 수 있어."

"엄마도 네 나이 때 많이 엎질렀지."

2. 아이의 생각을 자극하기

실수를 저지른 아이의 머릿속에서는 이런 마음만 가득합니다. "혼나지 않으려면 어떻게 해야 하지?", "보나 마나 또 잔소리를 하겠지?" 과거 경험만 떠올리며, 아이의 멈춰져 있는 생각을 자극할 말이 필요합니다. 이런 말을 들려주면 아이가 자신의 행동을 돌아보며 생각을 시작하게 됩니다.

"너도 잘하려다가 그런 거잖아."

"일부러 그런 건 아니니까 괜찮아."

3. 본질로 돌아가기

아이를 혼내는 이유는 뭘까요? 스스로 자신이 저지른 상황에 대한 책임을 지는 법을 알려주기 위해서죠. 물을 엎지른 상황에 대한 책임은 스스로 물을 닦으며 이루어집니다. 이때 필요한 건 본질에 다가선 매우 간단한 말입니다. 바로 이런 식이죠.

"깨끗하게 닦아내면 되지."

"네가 바닥에 흘린 물을 닦아내면,
실수했던 일도 사라지는 거야."

자신이 저지른 실수에 대한 책임을 지며 아이는 변명하지 않고 살아가는 삶의 가치를 느끼게 됩니다. 자연스럽게 내면의 힘도 강해지죠. 그런데 이 부분에서 간혹 이런 질문을 하는 부모님이 계세요.

"아이가 물을 닦아내라는 말을
순순히 듣고 실천할까요?"

"우리 아이는 절대 말을 듣지 않아요."

"아마 엄마가 닭으로라고 말할걸요!"

그 말도 맞아요. 하지만 이유가 있죠, 뭘까요? 다시 앞에서부터 글을 읽어 보시겠어요. 지혜롭게 혼내기 위해서는 3단계 방법을 순서대로 지켜야 합니다. 그런데 보통은 마지막 3단계만 실천해서 급하게 마무리를 하려고 하죠. 그럼 상황에 대한 이해가 부족한 상태에서 아이가 말을 듣지 않을 가능성이 높아집니다. 서두르지 마시고, 다시 한번 앞에서 제시한 지혜롭게 혼내는 3단계 방법과 그 안에 있는 말을 기억해 주세요.

아이가 책임을 회피하고 변명할 때, 혼내거나 질책하지 마세요. 그때 필요한 건 변함없는 사랑입니다. 아이는 사랑이 필요할 때 자꾸만 엇나가는 법이니까요. 질책과 비난, 그리고 가르치려는 마음은 잠시 접고 사랑하는 마음을 펼쳐서, 꼬옥 안아주세요.

Day
10

아이의 주의력과
자기조절력을 키우는
8가지 평온 대화법

너무 충동적이라 감당이 되지 않는 아이
자신의 감정을 조절하지 못하는 아이
병원에 가야 할지 심각하게 고민되는 아이
쉽게 모든 것을 포기하고 좌절하는 아이
멋대로 행동하고 책임지지 않는 아이
막말을 쉽게 내뱉고 폭력적인 아이

이유가 뭘까요?
문제는 아이의 주의력과 자기조절력에 있습니다. 하지만 쉽게 해결이 되지 않죠. 말귀가 조금 통하는 아이도 있고, 대화를 시도하면 좀 괜찮아지는 아이도 있고, 어떤 방법을 써도 통하지 않아서 분노만 치밀어 오르게 만드는 아이도 있습니다. 모든 사람의 성격과 얼굴이 다르듯, 내면의 깊이와 상황도 다르기 때문입니다.

하지만 단 하나, 부모의 말은 결국 아이의 모든 것을 바꿀 수 있습니다. 적절한 말을 적절한 순간에 들려주면 어떤 아이도 결국 자신을 바꿀 수밖에 없게 되죠. 약간의 시간 차이만 있을 뿐, 결과는 언제나 아름다운 방향을 향하고 있으니 다음에 소개하는 말을 일상에서 아이에게 자주 들려 주세요.

"하나, 둘 그리고 셋.
순서대로 하면 뭐든 가능해."

"한 번 더 생각하면,
더 좋은 답이 나올 거야."

"햇빛도 하나로 모아질 때만
불꽃을 낼 수 있단다."

"뭐든 천천히 꾸준히 해보자.

그럼 결과도 좋을 거야."

"1분을 사소하다고 낭비하면
나중에는 시간이 없어서
아무것도 할 수 없게 되지."

"너무 힘들면,
작은 것부터 시작해보자."

"네가 스스로 자신을 믿으면,
모든 사람들이 너를 응원할 거야."

"조금만 기다리면 아침이 오듯,
힘든 순간도 금방 지나갈 거야."

자신의 주장만 되풀이하는 아이를 중간에 멈춰서 생각할 수 있게 하는 게 중요합니다. 자신의 생각과 타인의 상황을 동시에 마음에 담으며, 유연하게 대응할 적절한 지점을 찾게 해주는 거죠. 그래야 미친 듯이 울거나 분노하고, 타인을 때리는 행동을 멈추고 흥분한 감정을 잠재울 수 있습니다.

주의력과 자기조절력은 어른이 되어서도 지적 성장에 매우 중요한 역할을 합니다. 가정에서나 직장에서도 자신의 감정을 평온한 상태로 유지하는 건 매우 중요한 일이기 때문입니다. 그래서 앞서 언급한 말을 자주 들려주는 게 좋습니다. 주의력과 자기 조절력은 결국 '자신에 대한 믿음'과 '내일을 향한 희망'이 결합하여 생기는 믿음과 희망의 산물이라고 할 수 있기 때문입니다.

아이가 살아갈 인생의
수준과 깊이를 결정하는
기본의 말 16가지

아이를 바라보는 부모의 걱정은 끝이 없어요.

"우리 아이는 왜 고마움을 모를까?"

"친구들과 왜 잘 지내지 못하는 걸까?"

"어른들을 보면 왜 인사를 하지 않지?"

"좀 폭력적인 것 같아서 걱정인데."

"왜 남의 말을 들으려고 하지 않는 걸까?"

"너무 의존적인 건 아닌지 걱정이네."

"왜 공부도 하지 않고 놀기만 할까?"

이 모든 걱정을 가장 빠르게 해결할 말이 있습니다. 저는 이걸 '기본의 말'이라고 부릅니다. 공식을 알아야 응용도 할 수 있는 것처럼, 살면서 반드시 필요한 말을 알고 있어야 모든 다양한 상황에서 가장 적절하고 지혜롭게 생각하고 행동할 수 있지요. 아이가 16개의 기본의 말을 마치 습관처럼 자연스럽게 일상에서 활용할 수 있도록 필사와 낭독으로, 혹은 아이가 자주 다니는 곳에 출력한 종이를 붙여서 최대한 자주 만날 수 있게 해주세요.

잘 먹었습니다.
늘 감사합니다.

제가 해보겠습니다.
만나서 반가워요.

제 실수입니다.

좋은 생각이네요.

죄송합니다.
제 생각은 이렇습니다.

공감합니다.
참 근사하네요.

조금 더 생각하겠습니다.
다녀오겠습니다(다녀왔습니다).

그 표현 멋지네요.
안녕하세요.

제 책임입니다.
오늘도 좋은 하루 되세요.

어떤가요? 예절과 가능성, 관계와 시선까지 연결이 되는, 모든 말의 기본이라고 말할 수 있는 그런 표현들이죠. 아이에게서 나타나는 모든 다양한 문제는, 정말 당연한 말이지만 당연하게 사용하지 않고 있어서 발생하는 것입니다. 본질을 꿰뚫는 기본의 말을 자주 활용하면 문제는 저절로 해결이 됩니다. 늘 기본을 기억해 주세요.

♦

말의 기본이 바로 서면,
아이가 나아갈 인생의 방향이 잡힙니다.

대화가 서툰 부모를 위한
맞춤형 6가지 식탁 대화법

자제력

식탁은 단순히 허기를 채우는 공간이 아니라, 가족이 함께 모여
서 존재하는 공간입니다. 여기에서 중요한 것은 '모인다'라는 것
이죠. 모이기 위해서는 모두가 허기를 참고 기다려야 합니다. 그
렇습니다. 허기를 채우는 게 아니라, 허기를 견디며 아이들은 식
탁에서 자제력을 배우게 되죠. 인성과 지성, 창의력과 문해력 등
아이에게 필요한 수많은 것들의 기본은 바로 자제력입니다. 스
스로의 감정과 욕망을 자제하지 못하는 아이는 아무것도 배울
수 없기 때문입니다. 이런 말을 통해 아이에게 자연스럽게 자제
력이라는 귀한 가치를 알려 주세요.

"식탁에 차분하게 앉아서
모두가 앉을 때까지 기다리자."

"가족이 모여 식사할 때는

최대한 스마트폰에는
신경을 안 쓰는 게 좋아."

"네가 하고 싶은 말이 있어도
상대가 말하고 있을 땐
조용히 들어주는 게 예의란다."

"새로운 반찬이 나왔을 때는
피하지 말고 한번 입에 넣어보자.
맛을 봐야 판단을 내릴 수 있지."

66일
밥상머리
대화법

5장

사고를 확장하고
근사한 지성인으로 키우는
대화 11일

Day
01

말꼬리 잡는 아이를
철학자로 키우는
3단계 표현법

아이가 대화를 나눌 때마다 자꾸만 말꼬리를 잡으면서 반박을 하면, 부모 입장에서는 짜증이 나서 결국 화를 내고 대화를 중단하게 됩니다. 매우 익숙한 패턴이죠.

"너 엄마가 이야기를 하면 좋게 받아들여야지.
자꾸 그렇게 말꼬리를 잡고 늘어지면 혼난다.
그거 정말 나쁜 짓이야, 꼭 기억해라!"

"엄마가 말하면 '네 알겠습니다'라고 해야지.

어디에서 말꼬리를 잡고 있어!"

그런데 과연 말꼬리를 잡는 게 나쁜 걸까요? 누군가의 말꼬리를 잡는다는 것은 잡을 지점을 볼 수 있는 눈이 있다는 거죠. 언어의 뒷덜미를 잡을 센스가 있어야 가능한, 매우 고차원적인 지적 행위입니다. 한 권의 책을 말꼬리의 관점에서 보면 끝없이 이어지는 말꼬리의 향연이라고 볼 수 있죠. 뒤로 이어지는 한 줄 한 줄의 글은 앞에 나온 한 줄의 말꼬리를 잡을 수 있었기에 비로소 탄생할 수 있었던 거니까요.

놀랍게도 우리가 기억하는 수많은 대문호와 지성인들에게는 이런 공통점이 하나 있었죠. 바로 말꼬리 잡기의 달인이었다는 사실입니다. 하나의 사실을 확장해서 원리를 발견하는 과학자와 철학자 역시 마찬가지입니다. 모든 창조는 앞선 증거의 꼬리를 확실히 물어야 비로소 세상에 그 모습을 드러낼 수 있어요. 물론 모든 말꼬리를 잡는 행위가 철학과 문학 그리고 과학적 지성을 갖추게 하는 건 아닙니다. 훗날 아이 인생에 도움이 되는 지혜로운 말꼬리 잡기는 따로 있습니다.

다음 3가지 표현법을 통해 도달할 수 있는데, 하나하나 간단하게 설명하면 이렇습니다.

1. 부정적인 표현은 사용하지 않는다

말꼬리를 잡을 때도 관점은 두 가지로 나뉩니다.

부정적인 시선에서 나온 말꼬리 잡기는 우리에게 아무런 가치도 줄 수 없습니다.

"여기에 어떤 좋은 게 있을까?"

"무엇이 우리를 더 행복하게 해줄까?"

이런 질문에서 나온 말꼬리어야 합니다.

2. 반드시 설명할 수 있어야 한다

만약 "기품은 우리를 행복하게 해주지"라는 말꼬리를 생각했다면 설명까지 할 수 있어야 해요. 어렵지 않아요, 이렇게 자신의 생각을 표현하면 됩니다.

"기품 있는 사람과의 대화는 우리를 기분 좋게 해주잖아."

"기품을 생각하면 마음이 절로 행복해지니까."

3. 글로 써서 정리하고 남겨야 한다

마지막은 글로 써서 남겨야 한다는 사실입니다. 아무리 특별하고 멋진 생각을 많이 창조해도 그걸 글로 남기지 않으면 모두 사라지게 됩니다.

2번에서 설명한 내용을 짧게라도 글로 써서 남기세요. 그럼 그 자체가 모여 하나의 창조 노트가 될 수 있죠. 어른들 눈에는 말꼬리를 잡는 아이들 모습이 좋지 않게 보일 수도 있어요. 하지만 세상에 무조건 나쁜 것은 없지요. 또한, 좋은 방향으로 말꼬리를 잡는 행위는 매우 발달한 고차원의 언어 감각을 보여주는 것이기 때문에 위에 나열한 3단계 표현법을 통해 발전시켜야 할 능력이지 억제하고 봉인해야 할 나쁜 태도가 아니라는 사실을 꼭 기억해 주세요. 고마움과 미안한 마음을 모르고 지나치게 감정적이며 자기만 아는, 모든 아이를 바꾸는 말은 따로 있어요.

Day
02

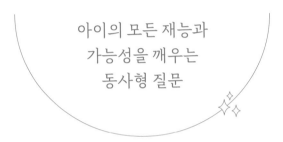

아이의 모든 재능과
가능성을 깨우는
동사형 질문

모든 아이에게는 그 아이만 가지고 있는 재능과 가능성이 있어요. 그런데 어떤 아이는 빠르게 그것들을 꺼내서 세상에 보여주는데, 왜 어떤 아이들은 평생 꺼내지 못하고 끌려가는 인생을 살게 되는 걸까요? 문제는 부모의 질문에 있습니다. 어릴 때부터 아이들에게 자주 묻는 진로와 꿈에 대한 질문은 보통 이런 형식에서 벗어나지 않습니다.

"넌 커서 뭐가 되고 싶니?"

"네 꿈은 뭐야?"

평범하게 보이는 이 질문에 대체 어떤 문제가 있는 걸까요? 답으로 '명사'만 나온다는 사실에 문제가 있습니다. 예를 들면 이런 식의 답이 나오겠죠.

"축구선수가 되고 싶어요."

"공무원이 될 생각인데요."

답변이 조금 더 진행되도 이 정도 수준을 벗어나지 않습니다.

"손흥민처럼 유명한 선수가 되고 싶어요."

"안정적으로 살 수 있게 공무원이 되려고요."

여기에 빠진 게 하나 있어요. 네, 바로 '동사'입니다. 축구 연습을 해야 축구 선수가 될 수 있고, 공부를 해야 시험에 합격할 수 있습니다. 가장 중요한 동사의 시간이 빠진 거죠.

"넌 커서 뭐가 되고 싶니?"

"네 꿈은 뭐야?"

이런 식의 질문에 동사의 뉘앙스를 넣어서 이렇게 바꾸는 게 좋습니다.

"요즘 매일 반복해서 하는 게 뭐야?"

"무엇을 하고 있을 때 가장 행복하니?"

물론 이런 식의 질문을 처음 듣는 아이들은 부모의 기대와 는 달리 이런 엉뚱한 답을 내놓을 가능성이 매우 높아요.

"요즘 게임 생각만 하고 살아요."

"유튜브 시청할 때 가장 행복해요."

하지만 그건 결코 부정적인 신호가 아닙니다. 그때 이런 질 문을 통해 '명사'라는 타이틀을 가지려면, 수없이 노력한 '동사' 의 나날이 필요하다는 사실을 알려줄 수 있기 때문입니다.

"게임을 좋아하고 유튜브 시청을 좋아하면,

네가 직접 게임을 소개하는 유튜버가 되면 어때?"

이런 제안을 받고 처음에는 할 수 없다고 말할 수도 있어요. 하지만 그건 그리 중요한 문제는 아닙니다. 그 대답을 하면서 아이의 내면 속에서는 이런 변화가 일어나고 있으니까요.

"무언가가 되려면,
오랫동안 연습하고 노력한 시간이 필요하겠구나.
내 안에는 과연 무엇이 있을까?"

"내가 원하는 것을 가지기 위해서,
나는 지금 무엇을 어떻게 해야 하는 걸까?"

모든 돌발상황은 '포기할 지점'이 아니라, 내 아이만을 위한 특별한 방법을 찾을 수 있는 '희망의 신호'입니다. "커서 무엇이 되고 싶니?"라는 '명사형 질문'이 아닌, "요즘 가장 자주 반복하는 게 뭐야?"라는 식으로 일상의 움직임을 묻는 '동사형 질문'이 아이의 삶에 당장 변화를 줄 수 있습니다. 명사 하나를 가지기 위해서는 수많은 동사를 가슴에 담고 치열하게 보낸 시간이 필요하다는 사실을 알려주는 게 중요하죠.

그렇게 아이들은 모든 결과에는 수많은 과정과 사람이 있었다는 사실을 인지하게 됩니다. 이것은 쉽게 볼 일이 아닙니다. 아이가 어떤 결과를 볼 때 그 안을 깊이 들여다보게 되었다는 매우 특별한 사실을 의미하기 때문입니다. 그렇게 자신의 내면도 들여다볼 능력과 안목도 갖게 됩니다. 다음에 소개하는 동사형 질문을 스스로에게 던지면서 하루를 보낼 수 있게 해주세요.

"나는 무엇을 할 때 가장 행복하지?"

"오랫동안 반복해도 지겹지 않은 게 뭘까?"

"그렇게 반복하면 나는 뭐가 될 수 있을까?"

"더 멋진 내가 되려면 지금 무엇을 해야 할까?"

동사형 질문을 통해 아이는 내면을 탐구하게 되고, 자신의 모든 능력과 재능을 깨울 수 있게 됩니다. 그리고 한번 생각해 보세요. '축구 선수'라는 명사가 아닌, '공을 차면서 뛰어가는' 동사의 순간을 즐기는 것이 꿈이라면, 그 아이는 얼마나 더 행복한 시간을 즐길 수 있겠어요. 이 모든 거대한 변화가 단지 질문만 바꾸면, 어렵지 않게 얻을 수 있는 현실입니다. 지금 한번 '동사형 질문'을 연습해 보세요. 언제나 시작은 지금부터입니다.

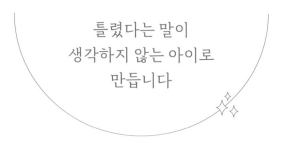

틀렸다는 말이
생각하지 않는 아이로
만듭니다

두 사물의 차이를 묘사하거나 표현할 때는 '틀리다'가 아닌 '다르다'라는 말을 사용합니다. "너는 나랑 생각이 다르구나"가 맞는 말이고, "너는 나랑 생각이 틀리구나"라는 말은 올바른 표현이 아니죠. 이제는 많은 사람들이 알고 있는 문제이기도 합니다. 그런데 여전히 둘의 차이점을 제대로 인식하지 못한 사례를 자주 보게 됩니다.

자, 쉽게 설명을 드리겠습니다. 숫자로 계산하는 셈이나, 정보 혹은 사실과 다루는 부분에서 '틀리다'를 쓸 수 있습니다. 하지만 그보다 더 중요한 사실은 여기에 있습니다. '다르다'라는 표현을 쓸 때는 '왜 다른지 이유를 알아보자'라는 의지를 발견할 수 있지만, '틀리다'라는 표현은 '답을 내리고 여기에서 종결한다'는 의미가 있기 때문에, 더는 생각의 여지가 없다는 것이죠. 상황에 맞지 않는 '틀리다'라는 표현은 아직 생각을 끝내지 못한 아이를 강제로 생각의 종점에 도착하게 만듭니다.

단순히 문법적으로 맞게 쓰려고 그런 것이 아니라, 아이의 생각과 창의성에 많은 영향을 미치기 때문에 더욱 가려서 써야 하는 표현입니다. '다르다'라는 표현을 써야 할 때 자꾸만 '틀리다'라는 표현을 사용하게 되면, 아이는 생각을 그만큼 하지 않게 됩니다. 가령, "우리는 생각이 너무 달라"라는 표현을 하면 아이의 생각은 이렇게 4단계 과정으로 연결됩니다.

질문 시작

"왜 우리는 생각이 다른 걸까?"

관찰 시작

"어디에 다른 부분이 있을까?"

분석 시작

"이건 이렇고 저건 저렇구나."

방법을 찾기

"이 부분은 이해할 수 있지만,
저 부분은 내가 받아들이기 힘들겠다."

하지만 "우리는 생각이 너무 틀려!"라고 말했다면, 이런 생각의 흐름은 연결되지 않지요. 1단계는커녕 그냥 생각이 끝나고 맙니다. '다르다'와 '틀리다'라는 표현을 단순히 문법에 맞게 사용하는 것이 중요한 게 아닙니다. 그건 생각하는 아이로 키우는 것에 비하면 매우 사소한 문제입니다. 어제보다 오늘 더 근사한 생각을 할 수 있는 사람으로 성장하기 위해서 '다르다'라는 표현을 상황에 맞게 써야 하는 것입니다.

하지만 일상에 치여 바쁘게 살다보면 자신도 모르게 '틀리다'라는 말을 쓰게 됩니다. 생각 없이 입을 열면 그냥 쉽게 튀어나오는 말이라서 그렇습니다. 아이도 마찬가지입니다. 그래서 늘 이런 이야기를 아이에게 낭독과 필사를 통해, '다름의 가치'에 대해서 알려줄 필요가 있습니다. 그럼 자연스럽게 모든 상황에서 생각하게 만드는 언어를 사용하게 되니까요.

"뭐든 더 알아보면 다른 부분이 보입니다.
그걸 이해하면, 하나 더 배우게 되는 거죠."

"우리는 서로 다 다릅니다.
모두에게는 각자의 가치가 있습니다."

"무엇이든 공부하고 관찰을 하다 보면,

미세하게 다른 부분을 발견하게 되죠.
그렇게 또 우리의 세계는 넓어집니다."

"한 번 생각하면 겉만 알 수 있지만,
두 번 생각하면 속까지 알게 됩니다."

"다르다는 것은 개성이 있다는 것입니다.
그건 마치 꽃의 향기와 같은 것이죠."

"피아노 건반에서 모두 같은 소리가 난다면,
아름다운 연주를 할 수 없을 겁니다.
모두 달라서 아름다운 하나가 될 수 있습니다."

　　세상에 존재하는 모든 말을 두 가지로 나누면, '생각을 자극하는 말'과 '생각을 가로막는 말'로 구분할 수 있습니다. '다르다'라는 말은 대표적인 '생각을 자극하는 말'입니다. 위에 나열한 말을 낭독하고 필사하며 생각을 자극하는 말이 아이 삶에 익숙해지게 해주세요. 그럼 자연스럽게 '다르다'라는 말을 아름답게 사용하면서, 스스로 좀 더 깊게 생각하는 아이로 성장할 겁니다.

Day
04

수학을 대하는
아이의 태도를 긍정적으로
바꾸는 말

맞아요. 우리 모두 알고 있듯이 수학은 정말 어려운 과목입니다. 그 사실을 증명하듯 중학생이 되면 교실에서는 슬픈 광경이 펼쳐지죠. 수학이 어려워지면서 아예 포기하는 현상이 바로 그것입니다. 실제로 교육 현장에는 지금 수포자(수학 포기자)가 넘쳐나고 있습니다. 사실 수학을 포기하는 현상은 갑자기 나타난 일은 아닙니다. 과거에도 수학은 수많은 과목 중 가장 어렵게 느껴져 쉽게 포기하게 되는 과목이었습니다. 하지만 우리 아이들까지 그런 슬픈 경험을 하게 그냥 둘 수는 없겠죠.

최근 '수포자'에서 '천재수학자'로 거듭난 한국계 미국인 허준이 교수가 수학계의 노벨상으로 불리는 필즈상을 받았습니다. 그가 남긴 인터뷰에서 우리는 아이들에게 도움이 될 매우 값진 지점을 발견할 수 있었습니다. 핵심만 간단하게 압축하면 이렇습니다. 짧은 말이지만 그 의미는 매우 깊으니까 여러 번 반복해서 낭독하고 필사해 주세요.

학생들이 단기적인 목표를 추구하지 않고,
마음 편히 자유롭게 즐거움을 쫓으면서,
여유롭고 안정감 있는 일상을 보냈으면 좋겠습니다.

물론 수학은 어렵고, 현실은 여유를 주기 힘들어요. 이 세상에서 단 하루도 경쟁하지 않고 살아갈 수는 없으니까요. "그런 말은 천재나 할 수 있는 말이야!"라며 부정할 수도 있어요. 하지만 그렇다고 그런 이유로 포기할 수는 없죠. 아이의 미래가 걸린 일이니까요. 허준이 교수의 조언을 필사로 나눴다면 이제는 일상에서 이루어지는 이런 말에 대해서 다시 한번 생각해 보는 시간을 갖는 게 좋습니다. 부모의 말이 수학을 대하는 아이의 태도를 결정하기 때문입니다.

"수학은 원래 어려운 과목이야."

"수학 잘하는 사람은 따로 있지."

"우리 아이는 수학머리가 없어서,
수학은 별 기대를 하지 않아요."

이런 식의 말을 이렇게 바꾸는 게 좋아요. 그럼 수학을 대하
는 아이의 태도를 긍정적으로 바꿀 수 있죠.

"수학은 원래 어려운 과목이야."
→
"수학은 시간이 조금 더 필요한 과목이지."

"수학 잘하는 사람은 따로 있지."
→
"수학은 시간과 노력을
더 투자한 사람이 잘할 수 있어."

"우리 아이는 수학머리가 없어서,
수학은 별 기대를 하지 않아요."
→
"우리 아이는 지금 수학 기초를

탄탄하게 다지고 있는 중입니다."

허준이 교수가 언급한, 수학에 대한 안정감과 여유, 자유롭게 목표를 향해 달려가는 태도를 만들어 주기 위해서는 부모의 말이 먼저 그런 방향으로 바뀌어야 하죠. 수학을 잘할 수 있는 방법은 정말 다양합니다. 하지만 그 수많은 방법을 실천하려면, '수학을 대하는 태도'가 매우 중요하죠. 모든 아이에게는 가능성이 있습니다.

수학을 포기하는 이유가 어렵기 때문일 수도 있지만, 일상에서 자꾸 부정적인 말만 들어서 '포기해도 괜찮을 거야', '다들 어렵다고 하니 포기하자'라는 마음이 들었을 수도 있습니다. 정말 중요한 과목인데 주변에서 하도 어렵다고 하니 쉽게 포기하는 결정을 내리는 거죠. 부모의 말이 곧 아이의 수학 재능을 결정합니다. 세상에 포기할 아이가 없듯이, 포기할 과목도 없습니다. 그러니 이 말을 꼭 기억하기로 해요.

✦
부모의 말은 아이의 태도를 결정하고,
아이의 태도는 잠든 공부머리를 깨웁니다.

Day
05

열심히 글을 쓴 아이에게
"맞춤법이 다 틀렸잖아!"라는
말이 나쁜 이유

돌아보면 우리는 아이들에게 이런 식의 이야기를 많이 하죠.

"친구랑 사이 좋게 지내라고 했지!"

"인사할 때는 큰 소리로 또박또박!"

"숙제 제대로 하라고 몇 번을 말해!"

"띄어쓰기 신경 쓰란 말이야!"

"제발, 방 좀 제대로 정리하라고!"

아이를 가르친다는 것은 인생에서 매우 중요한 일입니다. 그러나 그보다 더 중요한 것은 가르치기 전에 먼저 아이 마음을 살필 필요가 있다는 사실입니다.

하나 묻습니다. "여러분은 글쓰기가 즐겁고 정말 쉽나요?" 아마 그렇다는 답은 별로 나오지 않을 겁니다. 글쓰기를 20년 넘게 하면서 80권이 넘는 책을 쓴 저에게도 여전히 글쓰기는 어려운 일입니다.

그래요, 일단 아이가 생각을 담아 글을 쓴다는 것은 그 자체로 정말 어려운 일입니다. 멋진 일을 해낸 거죠. 어른도 앉아서 글 하나를 완성하는 건 쉬운 일이 아니잖아요. 집중해서 짧은 글 하나를 필사하는 것도 대단한 노력이 필요하니까요.

한번 짐작해 보세요. 아이가 글 하나를 스스로 완성해서 부모 앞에 섰을 때는 어떤 마음일까요? 그 작은 아이가 행복한 표정으로 여러분을 향해서 달려온 이유는, 그저 이 말을 듣고 싶어서입니다.

"와, 글을 멋지게 썼네.
뭔가 열심히 한다는 건 참 근사한 일이야."

그런데 만약 잔뜩 화난 표정으로, 검열을 하듯 노트를 지켜보며 이렇게 말한다면, 아이 기분이 어떨까요?

"너, 이게 뭐야. 맞춤법이 또 틀렸잖아!
띄어쓰기는 아예 무시하기로 작정했니!
내가 너 글 쓸 때 집중하라고 했지!
이러면 시험에서 다 틀린다고!"

아이는 공감과 격려를 받으려고 애써 글을 써서 왔는데, 평가와 비난의 언어만 받게 되는 거죠.

맞아요. 맞춤법과 논리에 맞는 글을 쓰는 일도 중요합니다. 하지만 순서라는 게 있잖아요. 일단 잘했다고 말해주는 게 왜 그렇게 어려울까요? 우리는 왜 아이 마음은 알아주지 못하고, 경쟁하듯 잘못만 먼저 지적하고 자꾸 혼내려고만 하는 걸까요?

부모의 말에는 순서가 있어요. 아이가 원하는 말을 먼저 들려주고, 다음에 하고 싶은 메시지를 전하는 거죠. 그 순서만 지켜도 부모와 아이 사이에서 일어나는 분쟁과 다툼은 절반 이하로 줄어듭니다.

그리고 무엇보다 이걸 먼저 기억해야 합니다. 맞춤법이 틀리는 게 우선일까요? 글을 쓰는 게 우선일까요?

맞아요. 먼저 글을 쓰지 않으면, 맞춤법이 틀릴 일도 없게 되죠. 중요한 건, 일단 썼다는 놀라운 사실입니다.

세월이 흐르면 저절로 알게 되는 맞춤법과 같은 것들을 가르치려고, 세월이 아무리 흘러도 가르칠 수 없는 글쓰기와 같은 창조적인 일에 지울 수 없는 상처를 주지 마세요.

저는 지금 맞춤법이 중요하지 않다는 말을 하는 게 아닙니다. 가르치고 싶다면 아이 마음에 다가가 이렇게 말해 주는 게 좋아요.

"와, 글을 멋지게 썼네.
뭔가 열심히 한다는 건 참 근사한 일이야.
그런데 이 부분은 맞춤법이 좀 틀렸네.
엄마랑 같이 이 부분만 한번 써볼까?
그럼 네 글이 더 완벽해질 것 같아."

어떤가요? 듣기만 해도 마음이 예뻐지죠. 부모 마음이 이런데 아이 마음은 얼마나 더 좋겠어요.

부모의 말은 결코 어렵지 않아요. 같은 상황에서 내가 듣고 싶은 말을, 아이에게 들려주면 되니까요. 여러분에게 듣기 좋은 말이, 아이 마음에도 담고 싶은 말입니다. 그러니 이 말을 항상 염두에 두시면 좋겠습니다.

✦

마음에 담고 싶은 말을

먼저 주세요.

Day
06

뉴스를
아이의 지식으로 만드는
3단계 지적 대화법

　아직 초등학교 저학년 이하인 아이도 뉴스를 보여주면, 바로 이렇게 변하죠. 정치인 이름과 그들이 펼치는 정권에 대한 이야기, 전쟁과 부정적으로 흐르는 국제 정세, 폭등하는 기름값 등 물가에 대한 이야기를 합니다.

　그런 것들을 알고 이야기 나누는 것이 어떤 부분에서는 대견하기도 하지만, 부모님 입장에서는 아이가 벌써부터 이런 이야기를 하는 게 좋은 건지, 혹은 이런 것들은 아직 모르고 사는 게 좋은 건지 혼란스럽습니다. 게다가 뉴스 중간중간에 엽기적인 살인과 잔혹한 범죄를 소개하는 이야기가 나오면 채널을 바로바로 돌려야 하니 마음도 참 바쁘죠.

하지만 핵심을 보시면 모든 문제는 해결 가능합니다. 아이가 대하는 정보보다 중요한 건, 정보를 대하는 '지적 태도'를 만들어 주는 것입니다. 탁월한 안목과 지적 태도가 갖춰진 아이는 무엇을 보고 들어도 그 안에서 귀한 메시지를 발견하니까요. 이때 필요한 것이 부모의 '지적 대화법'인데, 다음 3단계로 매우 간단합니다. 뉴스를 시청하시면서 각자 상황에 맞게 이렇게 대화를 3단계로 이끌면 됩니다.

1. 너는 어떻게 생각하니?

아이가 뉴스에서 나오는 각종 정보를 스치지 않고, 스스로 판단할 수 있게 돕는 질문을 던지며 시작해야 합니다. 그래야 아이가 눈으로 본 정보를 내면에 담아 자기만의 방식으로 가공할 수 있기 때문입니다. 이런 식으로 질문하시면 좋습니다.

"저 뉴스에 대해서 어떻게 생각해?"

"저 뉴스를 보니 어떤 생각이 들어?"

"뉴스에 대한 네 생각이 궁금한데?"

2. 왜 그렇게 생각하니?

이번에는 이유를 들어 자신의 생각을 설명하게 하는 과정입니다. 이 부분부터 매우 중요합니다. 누구나 무언가를 주장할 수는 있지만, 차근차근 설명하는 것은 깊이 생각한 아이만 가능한 일이기 때문입니다. 대답할 시간을 충분히 주시는 게 좋습니다.

"그렇게 생각한 이유가 뭐야?"

"뭐가 너를 그렇게 생각하게 만들었어?"

"네가 그렇게 생각한 이유가 궁금한데?"

3. 너라면 어떻게 할 것 같아?

이번에는 뉴스에서 본 각종 정보를 아이가 감정이입을 통해 자신의 이야기처럼 생각하는 시간을 갖는 과정입니다. 이를 통해 아이는 모든 정보를 완전히 자기만의 것으로 소유하게 되며, 이를 통해 세상을 보는 아이만의 새로운 시각이 탄생하게 됩니다.

"네가 저 사람이라면 어떻게 할 것 같아?"

"네가 저 공간에 있었다면 어땠을까?"

"다른 좋은 방법이 또 있을까?"

물론 심각하게 폭력적이거나 성폭력에 대한 뉴스는 좋지 않아요. 하지만 위에 소개한 '지적 대화법'을 통해서 아이가 내면에 올바른 '지적 태도'를 갖게 되면, 나이와 상관없이 어떤 정보든 온전히 자기만의 정보로 흡수할 수 있게 됩니다.

아이의 지적 수준에 따라 최악의 뉴스에서도 최고의 아이디어를 발견할 수 있고, 반대로 정말 좋은 뉴스에서도 최악의 영향을 받을 수도 있습니다. 굳이 뉴스가 아니더라도 독서나 산책 등 일상에서 마주치는 모든 상황에서 3단계 지적 대화법을 통해 아이와 소통을 하시면, 매일 아이의 지적 수준이 높아질 겁니다. 마지막으로, 이것 하나만 기억해 주세요.

✦

중요한 건 뉴스 그 자체가 아니라,

뉴스를 대하는 아이의 지적 수준입니다.

정보의 가치는 보는 사람이 결정합니다.

Day
07

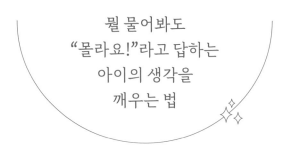

뭘 물어봐도
"몰라요!"라고 답하는
아이의 생각을
깨우는 법

어떤 아이는 나이와 상관없이 부모가 묻는 질문에 매우 친절하게 그리고 세심하게 답합니다. 독서를 할 때도 마찬가지로, 중간중간 질문하는 부모의 말에 저항하거나 반발하지 않고 분명하게 자기 의견을 밝히죠. 그런 아이의 모습을 볼 때면 마음까지 흐뭇해지죠. 하지만 반대로 뭘 물어도 퉁명스럽게 반응하며 "몰라!", "귀찮게 왜 이래!"라며 물러나는 아이도 있어요. 이 극명한 차이는 어디에서 발생하는 걸까요?

대상에 호기심을 갖고 모든 가능성을 허락한 시선을 갖고 있는 아이들은 세상이 정한 지식이나 정보의 굴레에서 벗어나

자기만의 생각을 갖고 있습니다. 결국 부모가 무엇을 질문하든 세심하게 답할 수 있는 이유는, 그럴 수 있는 능력을 갖고 있기 때문입니다. 이건 성별이나 나이와는 별 상관이 없어요. 그런 능력을 가지고 있느냐 혹은 없느냐의 차이일 뿐입니다.

무엇이 그 아이들에게 그런 능력을 허락한 걸까요? 바로 '무언가 하나를 시작해서 끝까지 한 경험'입니다. 생각해보면 어른도 마찬가지입니다. 어른이라고 주변 사람들의 질문에 제대로 답해주는 것은 아니죠.

"뭘 그렇게 복잡하게 살아! 질문 좀 그만해!"

"사는 것도 힘든데, 뭔 생각을 자꾸 하라고 해!"

이렇게 답하는 어른이 많은 게 현실입니다. 이처럼 생각한다는 것, 누군가의 질문에 답한다는 것은 쉬운 일이 아닙니다.

그래서 더욱 아이가 무언가를 시작해서 스스로 끝낸 경험을 자주 할 수 있게 해주는 게 좋습니다. 아무리 사소한 것이라도 하나를 스스로 시작해서 끝낸 경험은 아이에게 '하나를 깊이 바라보는 힘'을 줍니다. 그 힘을 통해서 다른 사물도 관찰해서 판단할 수 있고, 그렇게 나온 생각을 다른 사람들에게도 세심하게 설명할 수 있는 거죠. 이렇듯 교육은 선순환이거나 악순환의 반복입니다.

여러분의 아이가 선순환의 반복을 이루기 위해서는, 무언가 하나에 흥미를 갖고 시작해서 끝까지 해낸 경험을 갖게 해줘야 합니다. 그런 삶의 태도를 갖게 해주는 말을 소개합니다. 아이와의 대화에서 혹은 낭독과 필사로 아이와 나누어 주시면 됩니다.

"뭐든 배운 이후에는
한번 실천해 보는 게 좋아.
그래야 설명할 수 있을 정도로
충분히 알 수 있으니까."

"성공하지 못해도 괜찮아.
중요한 건 끝을 봤다는 거지.
끝은 본 사람만 알 수 있는 거야."

"오늘은 어디에서 뭘 봤니?
그게 너에게 어떤 느낌을 줬어?
이렇게 서로 생각을 나눈다는 건
참 행복한 일이야."

"세상에 틀린 답변은 없어.

모두가 자신의 생각이니까.

틀린 게 아니라,

다른 생각만 있을 뿐이야."

물론 한 번 잡힌 태도가 금방 바뀌지는 않지만, 금방 변하지 않는다고 본질을 외면하는 건 미련한 선택이겠지요. 부모가 포기하지 않는다면 아이의 입에서 곧 "몰라요!"가 아닌 섬세하고도 풍부한 말이 나올 겁니다. 가능성을 믿고 시작해 보기로 해요.

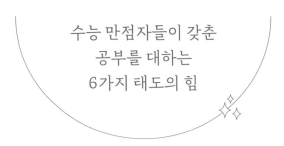

Day
08

수능 만점자들이 갖춘
공부를 대하는
6가지 태도의 힘

　대학수학능력시험(이하 수능) 전 과목 만점자는 보통 매년 10명 이하로 나옵니다. 간혹 1명만 나올 정도로 만점은 불가능에 가까워서 기적처럼 인식되기도 합니다. 하지만 그럼에도 불고하고 결국 매년 그 어려운 일을 해내는 학생이 존재하죠. 물론 공부에 재능이 있는 경우도 있을 겁니다. '공부머리'의 힘을 무시할 수는 없으니까요.

　하지만 저는 그 학생들의 자신에게 주어진 공부라는 평생의 가치를 대하는 태도만은 누구나 배울 수 있다고 생각합니다. 군이 성적을 올리려는 목적이 아니라, 아이들의 삶에 적용하면 모든 면에서 긍정적인 효과를 볼 수 있기 때문입니다. 수능 만점자들에게는 공통적으로 나타나는 독특한 특징이 있는데요, 6가지만 압축해서 설명하면 이렇습니다.

1. 아무리 어려운 문제가 나와도 포기하지 않는다

어떤 과목 하나를 포기하거나 문제 하나만 포기해도 만점은 나올 수 없죠. 과목 하나를 포기하면 아예 처음부터 만점은 기대할 수도 없습니다. 그래서 만점자들은 포기하지 않는 마음이 가장 중요하다는 것을 인지하며 "이걸 내가 풀 수 있을까?"라는 부정적인 질문을 버리고, "이걸 제대로 풀려면 어떻게 해야 할까?"라는 긍정적인 질문을 던지며 최대한 자신의 수준을 끌어올렸습니다.

2. 몇 걸음 앞에서 준비한다

준비는 아무나 할 수 있는 것이 아닙니다. 자신의 현재 시간을 아껴서 여유 시간을 마련한 아이만이 할 수 있기 때문입니다. 수능 만점자 학생들은 새로운 유형의 문제가 나올 것을 대비해서 평소에 최대한 다양한 문제를 풀면서 문제 적응력을 높입니다. 완벽할 수는 없겠지만, 자신이 할 수 있는 최선의 노력을 다해 준비하는 거죠.

3. 모든 상황에서 배울 점을 찾는다

핑계와 변명은 아이 삶에 전혀 도움이 되지 않죠. "학원이 별로야!", "늦게 일어나서 기분 망쳤어!", "선생님이 알려주지 않았어!" 내신도 마찬가지로 많은 아이들의 변명의 대상이 되죠. 하지만 만점자들은 내신을 준비하는 시간이 수능 준비에 방해가 된다고 생각하지 않고, 반대로 내신을 준비하는 동안 저절로 수능 공부 준비에 도움이 되는 부분이 있다고 긍정적으로 해석합니다.

4. 자신의 현재 상황을 제대로 인식한다

누구에게나 실수는 있습니다. 하지만 만점이라는 점수는 실수를 허락하지 않죠. 보통 아이들이 시험 후에 자주 "아는 문제인데 실수로 틀렸어!"라는 후회를 자주 합니다. 이는 앞으로도 아이 인생에서 매우 중요한 부분입니다. 만점자들은 실수를 최대한 줄이기 위해서 늘 시간을 재면서 문제를 풀죠. 그렇게 여유 시간을 최대한 확보해서 혹시 실수는 없는지 다른 문제를 돌아보기 위해서입니다. 여유가 있어야 실수가 줄어들기 때문이죠.

5. 어떤 핑계도 만들지 않는다

코로나바이러스 기간 동안 학원에 다니지 못해서 공부를 제대로 하지 못했다고 불만을 갖고 있는 학생이 많습니다. 그러나 이들은 다릅니다. 함께 공부하는 것이 익숙했던 몸과 정신을 빠르게 혼자서 공부하는 것이 익숙한 상태로 만들어, 학원에 나가는 대신 인터넷 강의를 들으며 최대한 공부 리듬을 유지했죠. 그들은 핑계를 만들기보다는 방법을 찾습니다.

6. 분명한 목표와 꿈을 갖고 있다

선명한 목표와 꿈은 그들을 원하는 곳으로 인도합니다. 점수에 맞춰서 되는 대로 간다는 생각이 아니라, 그 과에 지원하는 이유가 있으니 졸업 후에 무슨 일을 할 것인지까지 분명하게 계획이 세워져 있습니다. 중간에 공부가 너무 힘들 때, 분명한 목표와 계획은 다시 힘을 낼 근거가 되어 주기 때문에 중요합니다. 무기력에 최대한 빠지지 않기 때문에 그만큼 시간과 체력을 아껴서 모두 공부에 투자할 수도 있죠.

중요한 건 아이들이 이룬 결과, 즉 점수가 아니라 과정에 있습니다. 자신에게 주어진 것을 최선의 태도를 통해서 매일 하나

하나 조금씩 이루어나가는 태도의 힘을 배울 수 있죠. 게다가 이를 통해 아이의 자존감과 상황을 인식하는 능력, 사람과 사물을 판단하는 안목까지 모두 전체적으로 향상할 수 있습니다. 태도는 오늘과 내일을 연결하는 다리입니다.

✦

엄청난 능력을 갖고 있어도
태도라는 다리가 없이는
원하는 곳으로 건너갈 수 없습니다.

"아무 책이나
한 권만 가져다줄래?"
이 한마디가 아이 삶에
미치는 놀라운 영향

요즘 아이 문제로 고민이 참 많으시죠? 크게 6가지로 압축할 수 있을 겁니다.

죽어도 책을 읽지 않고
스스로 뭔가를 하지 않으며
왜 공부를 해야 하는지 모르고
내면은 왜 그렇게 연약한지
게다가 온종일 무기력하고
너무 성급하고 너무 감정적이죠

그런데 이 모든 문제를 부모의 한마디 말로 아름답게 그리고 아이의 성향에 맞게 바꿀 수 있다면, 어때요? 정말 좋겠죠? 방법이 하나 있습니다. 정말 한마디 말로 아이를 최선의 모습으로 바꿀 수 있습니다. 대단하거나 어려운 말은 아니니, 모두가 지금 아이에게 한번 시도해 보시길 바랍니다. 그 말은 바로 이것입니다.

"아무 책이나 한 권만 가져다줄래?"

거실 식탁이나 소파에 앉아서 혹은 실내자전거를 타면서 아이에게 아무 책이나 한 권만 가져다달라는 부탁을 하는 거죠. 그럼 순간 아이는 어떤 생각을 할까요? 보통의 부탁이라면 "아, 귀찮아. 직접 하면 되잖아!"라는 아이의 반박을 경험하게 될 수도 있지만, '아무 책이나' 한 권만 가져다달라는 부탁은 새로운 것이라 말을 잘 듣지 않는 아이도 쉽게 해줄 가능성이 높아서 좋습니다. 그럼 이 말이 가진 특별한 힘을 크게 3가지를 중심으로 살펴보겠습니다.

1. 독서의 가치를 알고 시야를 넓힐 수 있다

아이는 다시 한번 확인할 겁니다.

"정말 아무 책이나 괜찮아?"

이때 이렇게 답하시면 아이의 생각을 깨울 수 있습니다.

"그럼 책은 뭐든 우리에게 도움을 주니까.
손에 잡히는 어떤 책도 괜찮으니 부탁할게."

이런 대화를 통해서 아이는 모든 책에는 읽을 가치가 있으며, 분야를 넘나드는 독서가 중요하다는 사실을 느끼게 됩니다. 저절로 세상을 바라보는 시야가 이전보다 넓어지게 되죠.

2. 자신에 대해서 관찰하게 된다

그럼 이제 아이는 서재로 가서 책을 고르게 됩니다. 이것만 해도 정말 대단한 효과입니다. 단지 한마디 말로 아이를 서재 앞에 세운 것이니까요. 게다가 스스로 갔으니 더욱 효과는 큽니다. 부모가 어떤 책도 괜찮다고 말했지만 그래도 아이는 자신이 알고 있는 부모의 성향을 참고해서 책을 선택할 겁니다. 이때 아이는 자신도 모르는 사이에 이런 사실을 깨닫게 되죠.

"취향이 있다는 사실은 꽤 멋진 일이구나."

"내게는 어떤 독서 취향이 있을까?"

그러면서 아이는 그 자리에 서서 자신에 대해서 관찰하게 되죠. 이 모든 상황은 매우 순식간에 이루어지는 일입니다. 부모의 한마디 말이 아이가 살아가는 세계를 완전히 바꾼 거죠.

3. 모든 사물에는 가치가 있다는 사실을 알게 된다

물론 어떤 아이는 전혀 부모의 취향을 참고하지 않고 전혀 엉뚱하다고 생각하는 그림책이나 한글 공부에 대한 문제집을 선택할 수도 있습니다. 그러나 이건 나쁜 상황이 아니라, 오히려 소중한 기회입니다. 실제로 모든 책에는 나름의 가치가 있다는 사실을 증명할 기회이기 때문입니다. 아이가 준 책을 진지하게 읽으며, 이런 식으로 이야기를 연결해 주세요.

"와, 여기에 이런 의미가 있었구나.
네가 이 책을 골라서 주지 않았다면,
그리고 내가 이 책을 읽지 않았다면,
평생 이 사실을 모르고 지나갈 뻔했네."

여러분도 한번 일상에서 시도해 보세요. 실제로 앞서 언급했던 6가지 문제로 고민하던 부모님들께 이 방법을 제안해서, 매우 빠른 속도로 의미 있는 변화를 이끈 경험이 많습니다. 저 역시도 부모님께 그리고 할머니에게 이 한마디 말을 자주 들으며 자랐습니다. 제가 받은 것을 도움이 필요한 여러분들께 돌려드리는 겁니다. 초등학교 시절 국어와 독서를 그렇게 싫어했던 저도, 이 한마디를 통해서 현재 80권의 책을 쓰며 사색의 가치와 언어의 힘을 아는 사람이 되었습니다.

부모의 말은 아이의 삶을 조각하는 매우 섬세한 지적 도구입니다. 여기에서 중요한 것은 부모의 욕망으로만 아이를 조각하는 것이 아니라, 아이의 성향에 맞게 가장 아름다운 형태로 조각해야 한다는 사실이죠. 처음에만 그렇게 도와주면 나중에는 아이가 스스로 자신을 조각하는 단계에 진입하게 됩니다. 그럼 이제 정말 걱정 없는 나날을 보내게 되는 거죠.

Day
10

아이의 문해력을 높이는
부모의 12가지 말버릇

문해력에 대한 5가지 오해가 있습니다.

1. 나이에 따라서 수준이 다르다

2. 지식과 정보를 더 많이 알아야 한다

3. 학교에서 배우는 것이다

4. 독서를 통해서'만' 얻을 수 있다

5. 앞으로 사는 데 큰 영향을 주지 않는다

하지만 제가 여러 티브이 프로그램과 강연에서 강조했듯,

실제 문해력의 본질은 이렇습니다.

1. 나이와 전혀 상관이 없다
2. 많이 안다고 문해력이 높은 건 아니다
3. 24시간 어디에서든 배울 수 있다
4. 독서를 통해서'도' 배울 수 있다
5. 문해력은 곧 '생존력'이다

먼저 이런 사실에 대한 인식을 하신 후에 이 글을 읽으셔야 더 큰 효과를 볼 수 있습니다. 이 말이 왜 아이의 문해력에 좋은 지 아셔야 아이에게 전할 때 부모의 말에 힘이 실리기 때문입니다. 이때 중요한 건, 마치 습관처럼 자연스럽게 부모의 입에서 나와야 한다는 사실입니다. 그래서 '말버릇'이라고 말했죠. 일상에서 이루어지는 곳곳의 상황에서 자유롭게 변주해서 활용해 주세요.

"더 가까이 다가가면
더 자세하게 볼 수 있지."

"다른 사람들 생각은 참고만 하자.
중요한 건 내 생각이니까."

"이 물건은 세상에
어떤 이유로 나오게 된 걸까?"

"죽처럼 넘기기 쉬운 문제도 있지만
간혹 돌처럼 단단한 문제도 있지."

"이걸 더 좋게 바꾸려면
어떻게 해야 할까?"

"세상에 존재하는 모든 것에는
나름의 이유가 있어."

"왜 비슷한 상품인데
이건 이것보다 더 비싼 걸까?"

"꾸준하게 반복해서 하면
다른 게 보이는 순간이 찾아오지."

"조금 더 오랫동안 생각하면
조금 더 많이 이해할 수 있어."

"오늘 하루는 무엇을 주로
생각할 예정이야?"

"너무 걱정하지 말자.
더 생각하면 뭐든 해결할 수 있어."

"요즘 고민하는 문제가 있니?
우리 같이 고민해보자."

뭐든 이유가 있다고 생각하는 부모와 자란 아이와 반대로
아무런 이유도 없다고 생각하는 부모와 자란 아이는 결코 같은
길을 걸어갈 수 없을 겁니다. 더 깊이 바라보며 다양한 생각을
습관처럼 반복해서 높은 수준의 문해력을 갖게 되면, 어제와 전
혀 다른 하루를 살게 되지요. 세상에 영감과 아이디어가 넘치는
특별한 세상은 따로 없습니다. 뛰어난 문해력을 통해 어디에서
든지 특별한 것을 찾아내는 사람이 있을 뿐이죠. 부모의 말버릇
을 통해 아이의 문해력 수준을 특별한 지점까지 높일 수 있습니
다. 믿음을 갖고 자주 들려 주세요.

잘 배운 티가 나는 아이는
이런 말을 듣고 자랍니다

"같은 아이인데 왜 이렇게 다르지?"

"행동 하나, 말 한마디가 완전 다르네!"

"배운 건 비슷한데, 행동과 말은 왜 다르지!"

주변에 보면 이런 말이 절로 나오게 만드는 아이들이 있죠.
참고로, 제가 여기에서 말하고 싶은 건 '어른스러운 아이'가 아
닙니다. 저는 어른스러운 아이의 삶은 좋다고 생각하지 않습니

다. 아이들은 모두 그 나이에 맞는 삶을 살아야 하니까요.

제가 중요하게 생각하는 건 '어른스러운 아이'가 아니라, '잘 배운 티가 나는 아이'입니다. 앞에서 언급한 것처럼 행동 하나, 말 한마디에서도 뭔가 다른 게 느껴지는 아이들이 분명 있지요. 그 중심에는 바로 이런 4가지 생각의 틀이 있습니다.

1. 뭐든 함부로 단정하지 않는다
2. 쉽게 분노하지 않는다
3. 사람을 함부로 대하지 않는다
4. 좋은 것을 더 많이 눈에 담으려고 한다

종합하자면 이렇습니다. 가족이나 친구 등 가장 편안한 사람도 함부로 대하지 않을 때, 모두가 사소하다고 지나치는 것에서 가치를 발견할 때, 우리는 그 사람에게서 지성과 기품을 느끼게 되죠. 잘 배운 티는 바로 거기에서 나옵니다. 어른스럽다는 말과는 전혀 다른 부분이죠. 물론 우리가 배우는 이유가 티를 내기 위해서는 아닙니다. 그러나 '지성과 기품은 기침과 같아서 억지로 숨길 수 있는 게 아니다'라는 말도 무시할 수 없는 게 사실입니다.

그렇습니다. 티가 난다는 것은 그 요소가 내면에 자리 잡고 있다는 증거입니다. 태양이 빛을 숨길 수 없듯, 지성과 기품을 내면에 담고 있는 아이들은 잘 배워서 나오는 티를 숨길 수 없죠. 가족과 반려동물, 혹은 집에 있는 물건 하나를 대하는 모습만 봐도 쉽게 그 아이가 부모에게 어떤 말을 들으며 성장했는지 짐작할 수 있습니다. 다음에 소개하는 말을 자주 들려 주시면, 아이가 지성과 기품을 내면에 담을 수 있습니다.

"멋진 세상을 만나고 싶다면,
사람들의 좋은 점을 보면 되지."

"잘못한 일이 생기면,
빠르게 미안한 마음을 전하자."

"친구에게 내게 없는 장점이 있다면,
질투보다는 멋지다고 칭찬해주는 게 좋아."

"화가 많이 날 땐 눈을 감고,
3초만 기다리면 마음이 풀릴 거야."

"누군가 내게 좋은 마음을 줬다면
고맙다고 바로 표현해야 한단다."

"세상에 틀린 생각은 없어.
다른 걸 인정해야 지혜를 구할 수 있단다."

"아름다운 말을 듣고 싶다면,
친절하게 대하면 된단다."

"모든 물건은 다 소중한 재산이지.
소중한 만큼 귀하게 다루는 게 좋아."

"지식은 학교에서 배울 수 있지만,
지혜는 너 스스로 찾는 거야."

다른 사람의 생각이나 의견을 무시하고 자기 생각만 강요할 때, 우리는 그 아이에게서 부정적인 감정을 느끼게 되죠. 제대로 배우지 못한 티가 나기 때문입니다. 나이가 어리다고 기품과 지성이 깃들 수 없는 건 아닙니다. 반대로 묻죠. 그럼 나이가 들면 저절로 기품과 지성을 갖게 될까요? 아닌 경우를 주변에서 자주 경험하셨을 겁니다. 그렇습니다. 이건 결코 나이의 문제가 아니죠.

나이와 상관없이 모든 사람은 부모에게 가장 자주 들었던 말을 통해서 자기 삶의 지성을 완성합니다. 부모에 따라서 무서운 사실일 수도 있고, 반대로 행복한 소식일 수도 있습니다. 저는 여러분이 후자가 되기를 간절히 소망합니다. "이걸 내 아이도 이해할 수 있을까?"라는 말은 질문이 아니라, 그저 '걱정'에 불과한 소모적인 일입니다. 이제 걱정은 그만하시고, 아이의 삶을 아름답게 해줄 말을 자주 들려주시며 더 좋은 날을 맞이하시길 소망합니다.

대화가 서툰 부모를 위한
맞춤형 6가지 식탁 대화법

문해력

아이들의 문해력을 단기간에 분명하게 길러주려면, 질문하고 답
하며 스스로 생각하는 시간을 자주 경험할 수 있게 해주는 게 좋
습니다. 그런 의미에서 수많은 질문과 답이 오가는 식탁은 매우
근사한 '문해력 연습실'이라고 말할 수 있죠. 아래에 소개하는
다양한 말을 통해서, 아이가 깊이 생각할 수 있게 해주세요. 그
럼 단기간에 몰라보게 달라진 아이를 만날 수 있을 겁니다.

"앞에서 어떤 질문을 던지면 단답형이 아닌,

네 생각이 충분히 들어 있는 말로 답하는 게 좋아."

"하고 싶은 말이 있어도 말이 끝날 때까지

차분하게 기다린다면 새로운 사실을 알게 되지."

"우리도 앞으로는 식탁에서

잔소리나 훈계는 하지 않을 거야.
서로 근사한 이야기 자주 나누자."

"'동생에게 저런 고민이 있구나'
'엄마 아빠에게 요즘 힘든 일이 있구나'
이렇게 서로를 걱정해 주면서
가족 모두가 더 행복해지는 거란다."

66일
밥상머리
대화법

6장

자기 주도성을
키우는 대화 11일

> **"우리 아이는
> 원래 말이 없어요"라는 말이
> 아이에게 최악인 이유**

"우리 아이는 원래 말이 좀 없어요."

"수줍음이 많아서 늘 이러니 신경 쓰지 마세요."

부모가 아이를 친구들이나 다른 지인들에게 이런 식으로 '말이 없다', '수줍음이 많다'라고 아예 낙인을 찍는 식의 표현을 하면 그 순간부터 아이의 의식은 이렇게 흐릅니다.

나는 말이 없고 수줍음이 많은 아이야.

이런 나를 누가 반겨주겠어?

내가 과연 달라질 수 있을까?

왜 난 제대로 하는 게 하나도 없지?

사람들 만나는 게 두렵고 슬프고 무섭다.

실제로 이런 경우를 매우 자주 경험했습니다. 부모 입장에서는 그냥 쉽게 내뱉은 말이지만, 아이의 의식 세계는 그야말로 무너지는 거죠.

먼저 이렇게 부모의 의식 전환이 필요해요.

"내 아이는 말이 없는 것이 아니라, 말이 많지 않을 뿐이다."

"내 아이는 수줍음이 많은 게 아니라, 친해질 시간이 조금 더 필요할 뿐이다."

그럼 의식 전환을 도와주는 3가지 방법을 살펴보겠습니다.

1. 대답을 재촉하고 강요하지 말기

"물어보면 빨리 빨리 답하라고 했지!"

"아 답답해! 다른 애들은 말만 잘하더만!"

이런 방식의 재촉이나 비교는 아이 입장에서는 최악입니다. 아예 입을 닫고 오랫동안 말을 하지 않게 될 수도 있어요.

온기가 느껴지는 말로 천천히 입을 열 수 있게 해주세요.

"생각을 굳이 말로 꺼내지 않아도 괜찮아.
일단 생각했다는 사실이 중요하니까."

"오랫동안 하나를 꾸준히 생각한다는 건,
아무리 생각해봐도 참 근사한 일이야."

2. 대화라는 것이 무엇인지 알려 주기

아이가 '대화'라는 것이 뭔지 제대로 몰라서, 안에 있는 자신의 생각을 밖으로 꺼내지 못할 수도 있어요. 아이가 스스로 '대화'라는 단어를 정의할 수 있게 도와 주세요.

이런 식의 표현을 활용해서 대화를 나누면 도움이 됩니다.

"대화는 물이 흐르는 것과 같은 이치란다.
네 생각을 상대에게 흘린다고 생각하면 돼."

"자신의 생각을 상대방에게 말해주면,

상대방의 대답을 통해 무언가를 배우게 되지."

3. 자기 생각에 자신감을 갖게 해주기

마지막은 자신감 갖기입니다. 누구든 자기 생각에 자신감을 갖게 되면, 저절로 의욕이 넘치면서 강력하게 소통을 원하게 되죠. 그럴 수 있게 돕는 표현을 몇 가지 소개합니다.

"같은 문제를 봐도 모두 다 생각이 다르지.

그래서 모두의 말은 다 가치가 있는 거란다."

"네가 생각한 것을 말로 전하면,

네가 얼마나 멋진 생각을 했는지 알릴 수 있어."

아이가 부모에게 원하는 것은 사랑과 축복이지, 잘못을 발견해서 시시비비를 가리는 것이 아닙니다. 누구나 할 수 있는 것은 다른 사람에게 맡기고, 부모라서 할 수 있는 것에 집중한다고 생각하면 모든 문제는 저절로 풀립니다.

아이는 사랑하는 사람에게서만 무언가를 배웁니다. 그게 부모라면 아이에게는 커다란 축복이죠. 아이가 사랑받고 있다는 사실을 먼저 깨닫게 해주세요. 그럼 모든 지성과 지혜가 아이와 함께할 테니까요.

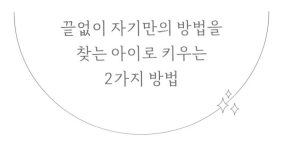

끝없이 자기만의 방법을
찾는 아이로 키우는
2가지 방법

"식탁이 없어서 불편한데 하나 살까?"

"지금도 거실이 좁은데 그걸 어디에 놓게!"

"냉동 새우를 한 봉지 사려고 하는데 어때?"

"지금 냉동고 꽉 찼어, 안 들어가 사지 마!"

부부의 사례로 든 두 대화의 공통점이 뭘까요? 만약 아이가
옆에서 듣고 있다면, 반드시 피해야 할 대화라고 볼 수 있어요.
창조의 통로를 막고 안주의 늪에 빠지게 만드는 대표적인 언어

중 하나이기 때문입니다. 쉽게 이해가 되지 않을 수도 있습니다. 그럼, 지금부터 그 이유에 대해서 알아보겠습니다.

세상에는 뭔가를 하려고 시도할 때, "아냐 지금은 불가능해!"라고 말하는 사람이 있고, "그래? 한번 방법을 찾아볼까?"라고 묻는 사람이 있습니다. 당연히 전자와 후자는 전혀 다른 삶을 살죠. 현실에 안주하는 사람과 끝없이 방법을 찾는 사람의 사는 곳이 같을 수는 없으나까요.

끝없이 자신만의 방법을 찾아내는 아이로 키우고 싶다면, 먼저 다음에 제시하는 2가지 조언을 낭독하고 필사하시면서 기본 원칙을 익히는 게 좋습니다.

1. 무언가를 '좋다 나쁘다' 혹은 '된다 안 된다'로 평가하고 나누지 않기
2. '어떻게 더 좋은 것을 만들 수 있을까'라는 시선으로 세상을 바라보기

위의 사례처럼 늘 '된다, 안 된다'라고 판단하는 사람들의 공통점은 상황을 언제나 획일적인 기준으로 단정하고 있다는 데 있어요. "우리 집 거실은 좁아서 뭘 더 놓을 수 없어.", "냉동고가 꽉 찼으니 이제는 아무것도 사면 안 돼!" 대부분 이런 방식의 꽉 막힌 기준이죠.

물론 정말 좁고 꽉 찬 상태일 수도 있습니다. 하지만 세상 모든 사람이 그 생각에 빠져 있었다면, 요즘 인기 직업으로 떠오

른 정리 전문가는 탄생하지 못했을 것입니다. 모두가 힘들 거라고 단정했을 때, "기존에 있던 물건을 정리해서 새로운 공간을 마련할 방법이 없을까?"라고 생각한 사람이 나타났고, 그는 자신의 삶을 바꾸는 동시에 다른 사람의 삶도 바꾸는 정리 전문가가 되었습니다.

직업도 공간도 꿈도 희망도 모든 새로운 것은 그것이 가능하다고 생각하는 자의 몫입니다. 직업도 마찬가지입니다. 취직할 곳이 없다고 불평하기보다는, 내가 직업을 하나 만들자는 생각을 하면 됩니다. 여기서도 마찬가지로 전자의 사고방식을 가진 사람은 "그게 말처럼 되냐?"라고 반문하게 됩니다. 그게 바로 전자의 사고방식이 삶에 미치는 대표적인 나쁜 영향입니다.

자신만의 방식을 찾아내는 창조적인 아이로 키우기 위해서는 부모가 먼저 그런 사람이 될 수 있는 언어를 사용해야 하죠. 언어는 어떤 전염병보다 강력해서 가장 빠르게 주변 사람을 변화시키기 때문입니다. 위에 나온 샘플 문장을 이렇게 바꿔서 말하면 됩니다.

"지금도 거실이 좁은데,
그걸 어디에 놓게!"
→
"나중에 조금 큰 집으로,

이사 가면 사는 게 어때?"

"지금 냉동고 꽉 찼어,
안 들어가 사지 마!"
→
"냉동고에 조금 여유가 생기면,
그때 사는 게 좋을 것 같은데?"

'언어', '창조' 이런 단어는 괜히 우리의 마음을 힘들게 합니
다. 어렵고 복잡한 거라는 생각을 하기 때문입니다. 하지만 창조
적인 언어 습관이라는 게 따로 배우거나 연구를 통해 길러지는
것은 아닙니다. 사소하지만 위대하게 바라보는 시선, 거기에 내
아이를 사랑하는 마음만 연결하면 되죠. 그럼 보이는 모든 것이
새롭게 느껴질 것이고, 입에서 나오는 말도 이전과는 다를 것입
니다. 이 말을 꼭 기억해 주세요.

✦
창조의 언어는
사랑을 먹고 자랍니다.

나약하고 소극적인 아이를
적극적인 성격으로
바꾸는 말

부모가 의존적인 성격을 갖고 있으면 아이도 의존적인 성격을 가진 사람으로 자라게 됩니다. 이유는 간단해요. 매일 의존적인 인간으로 사는 것이 안전하고 편안하다고 부모에게 배웠기 때문입니다. 아이를 나약하고 소극적인 성격으로 기르는 부모들은 다음에 제시한 말과 유사한 언어를 자주 구사합니다. 한번 읽어보며 점검해 보세요.

"세상은 너무나 위험한 곳이야.
너 혼자서는 어디도 갈 수 없어."

"그냥 지금 이대로 사는 게 편해.
괜히 다른 걸 했다가 손해만 보니까."

"사람들이 많이 가는 곳으로 가면,
언제나 실수가 없고 안정적이지."

어떤가요? 물론 세상은 위험하죠. 다른 시도를 하면 손해를 볼 수도 있고, 안정적인 삶을 살기 위해서는 다수의 무리를 따라가는 게 좋습니다. 하지만 같은 말도 다른 방식의 표현을 빌리면 얼마든지 적극적인 태도를 가질 수 있게 만들 수 있습니다. 그게 바로 부모의 말이 위대한 이유이자, 부모가 아이를 위해 말하는 법을 배우고 좋은 말을 자주 낭독하고 필사해야 하는 이유입니다. 자, 낭독과 필사로 혹은 대화에서 아래에 제시하는 말을 아이에게 자주 들려 주세요.

"우리의 도전은 실패할 수도 있고
반대로 성공할 수도 있지.
하지만 시작하지 않는다면,
실패조차 할 수 없단다."

"태양을 본 사람은

촛불에 연연하지 않아."

"감정은 거대한 정원이란다.
불안과 두려움이라는 정원에는
꽃이 피어나지 않아."

"다른 사람이 하고 있는 일 말고
내가 할 수 있는 일을 하자.
나는 나의 가능성이니까."

"네가 정말 무언가를 하고 싶다면
할 수 있다고 강력하게 외쳐.
세상의 모든 가능성이 너를 도울 거야."

"큰 꿈을 가진 사람은
때로 혼자 걷기도 한단다.
누구도 받아주지 못할 정도로
네가 가진 꿈이 거대하기 때문이지."

"너의 모든 순간에는
무한한 가치가 있단다."

"내게 그런 힘이 있을까?

그런 걱정을 할 시간을 아껴서

한 걸음이라도 앞으로 나가자.

그 한 걸음이 쌓여 너의 힘이 되니까."

"하루하루 기쁘게 살고,

그 기쁨에 만족할 수 있다면

우리의 내일은 더 근사할거야."

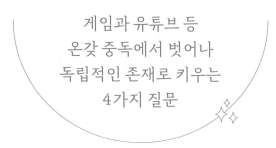

게임과 유튜브 등
온갖 중독에서 벗어나
독립적인 존재로 키우는
4가지 질문

"몰라, 나도 그 스마트폰 꼭 사줘!

다들 그것만 사용하고 있다고!

그거 없어서 왕따가 되면 책임질 거야!"

요즘에는 어린 아이들도 고가의 스마트폰을 사달라고 부모
에게 떼를 쓰죠. 성인이 살 때도 고민하는 고가의 스마트폰을 마
치 마트에서 과자를 사듯 구매하려고 합니다. 부모가 눈치를 보
며 조금 저가의 스마트폰을 권하면 "절대 안 된다!"라는 말이 날
아오죠. 사주지 않으면 사줄 때까지 대성통곡을 하며 온갖 난리

를 치는 아이들의 모습, 어떻게 생각하세요?

문제는 고가의 스마트폰을 사주는 것 자체에 있지 않아요. 자신이 갖고 싶은 것을 갖기 위해 부모를 설득하는 건 나쁜 선택이 아니지만, "다들 갖고 있다"라는 이유로 무언가를 사달라고 하는 것은 분명 좋은 선택이 아닙니다. 거기에서 바로 온갖 중독에 빠지는 삶이 시작되기 때문입니다. 정말! 중요한 부분입니다. 어릴 때부터 이런 식의 말로 '필요성'과 '가치'에 대한 교육을 해야 합니다. 이 부분은 게임과 유튜브 등 온갖 중독과도 연결되어 있으니 더욱 집중해서 읽어 주세요.

아이와 나누는 일상 곳곳에서 아이가 무언가를 원하거나 선택하려고 할 때 아래 4가지 질문으로 스스로 대상의 가치를 판단할 수 있게 해주세요.

"그게 너에게 필요한 이유가 뭐야?"

"그걸 어디에서 쓸 생각이니?"

"그 물건에 어떤 가치가 있다고 생각해?"

"네 마음이 행복해지는 선택이니?"

이 질문들을 통해 아이는 친구의 기준이 아닌 자신의 기준, 세상의 가치가 아닌 자신의 가치, 그리고 시간과 물질에 대한 철학과 원칙에 대한 분명한 자기만의 기준을 갖게 됩니다. 그럼 게임'만' 하는 중독된 일상에서 벗어나 게임'도' 하는 자유로운 하루를 살게 되죠.

지금까지 이런 식의 말이 아이에게 통했나요?

"너 게임 멈추기로 약속한 시간 10분 남았어!"

"하루에 30분만 유튜브 시청하기로 했잖아!"

이런 식의 약속과 지시는 아무리 해도 통하지 않죠. 중심에 닿지 않고 껍질만 들추기 때문입니다. 시간은 조금 걸리지만 본질을 보시는 게 좋아요. 흐르는 시간의 가치를 알게 되고, 무엇이 가치가 있는지 아는 아이는 결코 시간을 함부로 사용하지도 않고 가치가 없다고 생각한 일에 매몰되지도 않죠.

이런 고민을 하고 있는 부모라면, 더욱 이 글을 집중해서 읽어 주셔야 합니다.

"오늘의 게임과 유튜브 시청은
내일로 절대로 미루지 않으면서,

독서와 공부는 자꾸만
내일로 미루려고 합니다."

요즘 많은 아이들이 게임과 유튜브를 시청하기 때문에 쉽게 생각하고 지나갈 수도 있지만, 문제는 다른 해야 할 것들을 전혀 하지 않고 그것에만 빠져서 사는 일상에 있습니다. 이 문제는 생각보다 위험해서 빠르게 변화를 이끌어야 합니다.

중독에서 벗어나는 건 어른에게도 쉬운 일이 아닙니다. 그래서 중요한 건 아이를 향한 억압이나 의지의 촉구가 아니라, 스스로 시간에 대한 가치를 깨닫게 만드는 것입니다. 본질에 닿아야 비로소 변화를 기대할 수 있기 때문입니다. 물론 많은 시간이 필요할 수도 있어요. 중독된 시간이 길수록 변화에 필요한 시간도 길어집니다. 하지만 아직 초등학생이라면 위에 소개한 4가지 질문과 함께 아래에 제시하는 시간의 가치를 설명하는 말을 낭독과 필사로 일상에서 중간중간 나누어 준다면, 아무리 늦어도 3달 안에 변화를 체감할 수 있을 겁니다.

"시간은 무한정 존재하는 게 아니야.
꼭 필요한 곳에만 아껴서 써야 하지."

"친구들이 다들 그러고 논다고,

너까지 그럴 필요는 없단다."

"매일 게임만 하면서 산다는 것은
매일 식사 시간에 밥만 먹는 것과 같아.
건강해지려면 골고루 먹어야 하듯,
시간도 다양한 일에 골고루 써야 하지."

"넌 할 수도 있고 안 할 수도 있어.
하지만 다양하게 시도한다면,
분명 근사한 미래를 만나게 될 거야."

"우리는 시간이라는 동전으로
매일 무언가를 살 수 있지.
너는 요즘에 무엇을 사고 있니?"

"한번 허비한 시간은
다시 내게 돌아오지 않아."

어떤 아이는 시간을 가장 소중한 일에 골고루 분배하며 살
고 있고, 또 어떤 아이는 시간을 아무런 가치도 없는 일에 낭비
하고 있어요. 시간을 소중한 곳에 투자한다면 정말 많은 일을 해

낼 수 있다는 사실을 아이에게 알려주세요. 물론 부모가 먼저 그 말을 일상에서 실천하고 있어야겠죠. 부모가 자신의 1초를 소중하게 여겨서 늘 무언가에 투자하고 있다면, 아이가 그걸 모를 수 없을 테니까요. 아이가 자신의 시간을 낭비한다고 걱정하지 말고, 아이가 늘 당신을 지켜보고 따라하고 있다는 사실을 걱정하는 게 좋습니다.

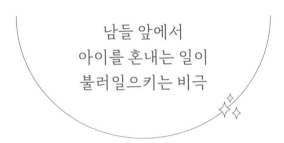

남들 앞에서
아이를 혼내는 일이
불러일으키는 비극

어른도 그렇지만 아이들도 마찬가지입니다. 세상에 누군가에게 혼나는 걸 좋아하는 사람은 별로 없죠. 하지만 그보다 더 최악인 상황이 하나 더 있어요. 바로 남들 앞에서 공개적으로 혼나는 겁니다. 이런 경험은 치욕적이라서 쉽게 잊히지 않습니다. 사는 내내 기억 속에 남아 우리를 괴롭히죠. 물론 아이의 잘못이나 실수는 부모에 의해서 올바르게 바뀌고 나아져야 합니다.

하지만 혼내는 것도 지혜가 필요한 일이죠. 가르칠 때보다 혼낼 때, 부모의 행동과 언어는 더욱 섬세할 필요가 있습니다. 이를 제대로 해내기 위해선 다음 3가지를 명심해야 합니다.

1. 분노가 이성을 앞서지 못하게 하자

2. 아무도 없는 곳으로 가서 혼내자

3. 지적하는 게 아니라 격려하는 것이다

이걸 잊고 분노를 앞세워 사람들 앞에서 아이를 혼내면, 그 순간 아이는

남 앞에 서는 걸 두려워 하고

자기 생각을 절대로 말하지 않고

사람들이 주변에 있으면 긴장을 하고

새로운 것에 도전하지 않고

당연한 권리를 주장하지 못하고

쉬운 선택 하나도 제대로 하지 못하는

이런 인생을 살게 됩니다. 그리고 마지막으로 이 모든 최악의 것들을 경험한 후에는, 이 모든 것에 대한 책임을 부모에게서 찾으며 부모에 대한 증오심을 가진 아이가 됩니다. 평생 이렇게 생각하며 말이죠.

"날 이렇게 만든 책임은

다 엄마 아빠한테 있어!"

부모 입장에서는 억울하죠. 사랑으로 키우고 가르쳤는데 아이의 생각은 전혀 다르니 말이죠. 그래서 더욱 혼낼 때는 가장 이성적인 상태이어야 합니다. 아이의 실수를 바로 잡고 좋은 길로 인도하려면 부모는 감정적으로 가장 안정적인 상태이어야 하죠. 그래야 아이를 배려하며 바른 길로 인도할 수 있죠. 세상에 분노한 사람의 말을 주의 깊게 듣고 귀하게 생각하는 사람은 별로 없어요. 분노가 앞서게 되면 사람들 앞에서 오히려 다 들으라는 듯이 크게 소리치며 화를 내게 되죠. 결국 아이를 자극하는 말을 선택해서 아이 마음을 아프게만 만듭니다.

혼내는 것과 망신을 주는 건 다릅니다. 이 차이를 분명히 자각할 필요가 있어요. 창피하게 만들기 위해서 혼내는 게 아니라, 다시 한번 시도할 수 있게 격려를 하기 위해서 혼내는 거라는 사실을 기억해 주세요. 최대한 예의를 지키며 혼내는 모습을 보여 줘야, 아이도 당신의 말을 차분하게 받아들일 겁니다. 이런 식의 말로 아이와 대화를 나누면 좋은 마음을 전할 수 있습니다.

"성장의 기쁨은 소나기가 내린 뒤에야
밝은 햇살처럼 우리를 찾아오지.
너는 점점 나아지고 있어."

"힘들어도 자신을 함부로 대하지 말자.

무엇보다 너 자신이 가장 소중하잖아."

"아무리 힘든 일이라도
반복하면 누구든 해낼 수 있어.
힘든 일은 커지지 않지만,
우리가 가진 능력은
반복할수록 더욱 커지니까."

"네가 오늘 어떤 실수를 하든,
나는 너의 다음 시도를 응원할 거야."

세상에 존재하는 모든 위대한 육아 전문가들의 충고대로 아이를 키우면 어떻게 될까요? 아마 여러분의 기대처럼 아이가 자라지 않을 가능성이 높을 겁니다. 아이에게 필요한 건 수많은 전문가가 아니라, 자기 마음을 이해하고 안아줄 부모의 품이기 때문이죠. 때로는 어떤 멋진 충고나 해박한 지식보다, 봄햇살처럼 따스한 부모의 품이 아이에게 힘이 될 때가 있습니다. 그때가 바로 아이가 실수하고 잘못한 순간입니다. 세상에 "반드시 이래야만 한다"라는 것은 없습니다. 또한 모두를 만족시킬 수도 없습니다. 중요한 건, 부모와 아이가 좋은 마음을 서로에게 전하고 느끼는 것입니다. 근사한 격려로 아이 마음에 봄햇살을 선물해 주세요.

어떤 도전 앞에서도
흔들리지 않는 아이를 만드는
10가지 말

세상에 아이에게 불가능과 무능력을 가르치는 부모는 없습니다. 그런데 부모가 아무리 세상이 말하는 좋은 실패와 도전하는 정신을 강조하는 교육을 해도, 그 귀한 말이 아이에게 제대로 전해지지 않는 이유가 뭘까요? 왜 오히려 아이의 자신감이 떨어지고, 도전을 망설이게 되는 걸까요? 교육할 때 하는 말과 평소에 하는 말이 '너무나' 다르기 때문입니다.

물론 "아니, 그게 무슨 소리야? 나는 그렇지 않아"라고 생각할 수도 있습니다. 그런데 말이라는 게 자신도 제대로 인지하지 못한 상태에서 나오기 때문에 실수할 때도 있고, 안타깝게도 반대로 아이의 가능성과 희망을 지우는 말을 할 때도 있습니다. 바로 이게 그 대표적인 표현이죠.

"너, 이게 대체 몇 번째인지 알아!"

"하지 말라고, 열 번도 넘게 말했지!"

아이가 실수를 하거나 무언가에 실패할 때 무의식적으로 나오는 부모의 반응입니다. 직접 발음해 보시면 느낌이 더욱 생생하게 전해질 겁니다. 어떤가요? 말의 중심이 가능성이 아닌 불가능에 있고, 시도가 아닌 실패에 있죠. 아이는 자신이 실수하고 실패한 횟수만 헤아리는 부모의 반응을 보며, 놀랍게도 이런 생각을 하게 됩니다.

"엄마는 내가 실수하는 것만 보고 있구나."

"아빠는 내가 뭘 도전하는지 관심도 없어."

맞아요, 부모도 물론 힘들지만 아이 입장에서는 더욱 극심한 스트레스를 받게 되고, 모든 의욕을 잃게 됩니다. 앞으로는 이런 시각으로 바꿔서 표현하시는 게 좋습니다. 실패한 횟수가 아니라 도전한 횟수라고 생각해 주시고, 실수한 횟수가 아니라 배우려고 시도한 횟수라고 생각하시는 거죠. 긍정적으로 바라보며 아이에게 힘을 주는 말을 한다는 것은 그리 어려운 일은 아닙니다. 이렇게 좋은 부분에 접근해서 느낀 그대로를 아이에게 전하면 되니까요.

그 말을 아이에게 표현할 때 아래에 제시하는 10가지 표현을 적절히 활용하시면 더욱 좋습니다. 처음에는 쉽지 않으니 아래의 표현으로 시작하시는 게 좋은 선택일 수 있습니다. 다른 어떤 말보다 가장 분명하게 희망과 가능성을 전할 수 있는 표현이니, 낭독과 필사를 통해서 여러분의 언어로 만들어 주세요.

"드디어 네가 해냈어!"

"하루만에 완전히 달라졌네!"

"걱정하지 말자, 잘 되고 있어!"

"이제 거의 다 온 것 같아!"

"그래, 바로 그거야!"

"거봐, 많이 좋아지고 있잖아!"

"우리 한 번만 더 힘내자!"

"대단해, 이렇게 나아지다니!"

"네가 보여줄 내일이 기대된다!"

"지금도 충분히 네가 자랑스러워!"

부모가 자신의 가능성을 낮추는 말을 반복해서 들려주면, 아이는 자신을 향한 기대를 스스로 낮추게 됩니다. 자연의 이치처럼 자연스럽게 부정적으로만 흐르게 되는 거죠. 세상에 가장 사랑하는 사람에게서 그런 평가를 매일 받으면서, 흔들리지 않고 견딜 수 있는 아이는 별로 없습니다.

물론 횟수를 헤아리며 말하는 것이 아이의 나쁜 행동이나 실수를 바로잡아주기 위한 목적이라는 사실은 잘 알고 있습니다. 하지만 그렇다고 과거의 잘못과 실수에서 일어난 일이, 아이의 미래에 나쁜 영향을 미치도록 놔둘 수는 없지요. 과거가 아닌 아이의 현재와 미래에 초점을 맞춰야, 아이와 부모 모두에게 좋습니다.

세월이 흘러도 변하지 않는 이 빛나는 사실을 기억해 주세요. 초등학교에 입학한 아이와 함께 등굣길을 걷는 일도 길어야 2년이고, 이유식을 만들고 기저귀를 갈아 주는 일도 길어야 3년입니다. 또 궁금한 것을 묻고 또 묻는 아이의 질문에 답해주는 일도 길어야 5년이지요.

하지만 이 모든 것을 제대로 해주지 못했다는 자책감과 후회는 평생 사라지지 않습니다. 아이에게 있어서 부모가 필요한 시기에 함께 걷고, 식사하고, 질문에 답해주는 것만큼 좋은 교육은 없습니다. 오늘도 아이들은 또 실패할 겁니다. 그게 아이들에게 주어진 일이니까요. 하지만 아이들이 안타깝게 실패할 때마다 이렇게 말해주세요.

"내가 그럴 줄 알았지"

→

"다음에는 될 수 있는 방법을 찾아보자."

이 말을 들은 아이는 힘이 나서, 하루를 근사하게 보내게 될 것입니다.

Day
07

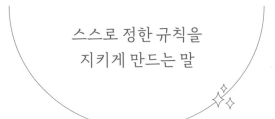

스스로 정한 규칙을
지키게 만드는 말

살면서 우리가 반드시 지켜야 할 규칙이 있죠. 그런데 아이들은 그게 쉽지 않습니다. 자꾸만 규칙을 어겨서 부모 마음을 힘들게 만들죠. 이유가 뭘까요? 차근차근 설명하겠습니다. 규칙을 잘 지키며 부모의 말을 잘 따르는 아이는 크게 두 가지 종류로 나눌 수 있습니다. 하나는 혼나기 싫어서 억지로 따르는 아이, 다른 하나는 스스로 옳다고 생각해서 따르는 아이입니다.

당연히 전자는 스스로의 기준은 없이 본능적으로 부모의 말을 듣고 있는 거라서 장기적으로는 좋지 않죠. 아이가 지금 그런 상태라면 하루라도 빨리 벗어나서 스스로 옳다고 생각해서 규칙을 지키고 따르는 수준에 도달하게 해야 합니다. 후자의 수준에 도달하려면 거기에 맞는 말을 자주 듣고 생각을 깨우치는 과정이 필요합니다. 이런 방식의 표현은 매우 좋지 않으니 주의해 주세요.

"너, 나한테 들키면 그땐 알아서 해!"

"늘 지켜보고 있으니 조심해라!"

부모가 이런 방식으로 말하게 되면, 아이는 잘못한 자신의 행동에 대한 생각은 전혀 하지 않고, 단지 들키지만 않으면 된다고 생각하기 때문이죠. 혼나기 싫어서 억지로 규칙을 지키는 척만 하는 겁니다.

"또 그러면 어쩌니! 혼나봐야 정신 차리나?"

"내가 계속 지켜보며 참고 있었던 거 알지!"

이렇게 무턱대고 화만 내고 혼내는 것도 마찬가지로 좋지 않아요. 적절한 표현을 통해 부모의 마음과 주변 사람들 마음을 전해주는 과정이 필요합니다. 2가지 방법을 제시하니 시도해 보시기 바랍니다.

1. 부모 마음 전하기

"네가 자꾸 몰래 게임을 하면,
엄마 마음이 너무 아픈 거 알고 있니?"

"이제 거짓말을 하지 않기로 했는데,
계속 거짓말을 하면 엄마가 실망할 것 같아."

2. 주변 사람들 마음 전하기

"너 혼자만 그네를 독차지하고 있으면,
기다리는 친구들 마음이 어떨까?"

"수업 시간에 심하게 떠들면,
친구들과 선생님이 어떤 기분이 들까?"

아이가 스스로 옳다고 생각해서 규칙을 지키는 수준에 도달
하려면, 이렇게 부모와 주변 사람들 마음에 공감하고 이해하는
태도가 필요합니다. 아이가 스스로 생각해서 어떤 규칙이 지킬
가치가 있는 것인지 결정하고 판단하지 못하는 이유는 그럴 능
력이 없기 때문이 아니라, 공감하고 이해하는 능력이 없기 때문

입니다. 부모와 주변 사람들 마음을 알게 되면, 그때 비로소 아이는 스스로 자신의 생각을 깨우고 이전과 다른 삶을 살게 될 겁니다.

자기 삶에 자신감을 가진
독립적인 아이로 키우는
자기 집중의 언어

"내 이야기만 들으란 말이야!"

"나 지금 잘하고 있는 거 맞나?"

"왜 다른 곳에 신경 쓰는 거야,
내가 지금 말하고 있잖아!"

간혹 유난히 다른 사람의 인정을 요구하고 바라는 아이가
있습니다. 이런 아이는 아무리 주변에서 신경을 써도 만족을 모

르고 계속 주변 사람들의 관심을 갈망하게 됩니다. 늘 스스로 부족하다는 생각하면서 남과 비교할 때 자신의 아쉬운 점만 눈에 담기 때문입니다. 한마디로 자기 생각과 삶에 대한 자신감이 전혀 없는 상태입니다.

어릴 때부터 부모에게 충분한 지지와 인정을 받지 못하면 아이는 자라면서 인정욕구가 증가하게 됩니다. 부모에게 받지 못한 것을 타인에게 요구하는 거죠. 그런데 그게 어디 쉬운가요. 자기 부모도 주지 못한 것을 남에게 요구하는 거니까요. 이유는 간단해요. 인정은 남이 나에게 해주는 것이라 내가 결정할 수 있는 게 하나도 없기 때문입니다. 그래서 그런 아이들은 점점 더 실패를 두려워하게 되고, 남이 높이 평가하는 것을 보여주려고 노력하는 일상을 살게 됩니다.

부모라면 꼭 이 사실을 알고 있어야 합니다. 유독 남의 시선에 자유롭지 못하고, 평판에 신경을 많이 쓰는 아이들은 대부분 성장 과정에서 부모에게 적절한 지지를 받지 못한 경우가 많습니다. 그런 상태로 방치하면 아이는 결국 자신에게 호응을 해주는 누군가를 위해 사는 '반응의 노예'가 됩니다. 자기 삶과 선택에 자신감을 가진 독립적인 아이로 키우려면 일상에서 이렇게 말을 바꿔서 들려주는 게 좋습니다.

"친구가 날 바보라고 놀렸어!

다들 그렇게 생각하는 게 아닐까?"

→

"친구가 너를 바보라고 부른다고,
네가 바보가 되는 건 아니란다."

"선생님은 나만 미워하는 것 같아.
늘 내 이름을 나중에 부르거든!"

→

"선생님이 가장 처음에 부르지 않는다고,
너를 소중하게 생각하지 않는 건 아니지."

또한, 이런 아이들에게는 평소의 말버릇도 매우 중요합니다. 자신의 모습을 바꾸고 가면을 써서라도 주변의 인정과 관심을 받으려는 삶에서 벗어나, 스스로의 가치를 통해 당당한 한 사람으로 살게 하려면 일상에서 이런 '자기 집중의 언어'가 들어간 말을 낭독과 필사를 통해 아이와 나누는 게 좋습니다. 말버릇이 될 정도로 반복해서 필사하는 것을 추천합니다.

"엄마(아빠)는 지금의 네가 정말 좋아."

"자신이 원하는 모습이 되는 게 중요하지."

"무엇보다 내 만족이 우선이야."

"나는 내가 참 자랑스럽다."

"스스로 시작해야 뭐든 스스로 끝낼 수 있어."

다시 강조하지만, 타인의 인정에 굶주리는 이유는 자신의 인정을 받지 못해서 그렇습니다. 자신의 존재를 스스로 인정하지 못하니 타인의 확인이 필요한 거죠. 존재감이 없는 사람은 자꾸 더 타인의 인정을 받으려고 분투합니다. 참 괴로운 악순환입니다. 하지만 이때 부모의 말로 아이가 자신의 존재감을 하나하나 발견하고 확인하기 시작하면 상황은 달라집니다. 아래 글을 기억하시면 더욱 좋습니다.

"다른 사람 의견도 중요하지만,
가장 중요한 건 너의 생각과 선택이야.
네가 스스로 선택하지 않으면
남이 선택한 것을 받아들어야 하니까.
식당에서도 스스로 메뉴를 고르지 못하면
남이 대신 선택한 것을 먹어야 하지.
선택에 늘 만족할 수는 없어,

하지만 언제나 스스로 선택한 사람이

자기 삶을 나아지게 만들 수 있단다."

이 글을 통해 충분히 느끼셨겠지만, 아이가 자신의 존재를 발견하고 믿고 지지할 수 있도록, 부모는 아이의 모든 생각과 행동에 그럴 만한 가치와 이유가 있으며 누구의 눈치도 볼 필요가 없다는 사실을 전하면 됩니다. 부모가 아니라 다른 사람이라면 말로 아이를 바꾸기 힘듭니다. 하지만 부모라면 언제나 가능하죠. 아이에게 부모의 말은 절대적이니까요. 그게 바로 부모의 말이 가진 기적과도 같은 힘입니다. 이 말을 항상 마음속에 품어주세요.

✦

여러분은 아이를 위해 기적을 행사할 수 있는

세상에서 유일한 한 사람입니다.

방탄소년단의 RM과
대문호 톨스토이를 키운
자기표현력의 힘

방탄소년단(BTS)의 RM은 중학교 시절 성적이 전국 상위 1%에 속했습니다. 부모님은 당연히 아들이 계속 열심히 공부해서 좋은 대학교에 진학한 후 전문직에 종사하길 희망했습니다. 하지만 최고의 랩퍼가 꿈이었던 그는 중학교 2학년 때, 이 한마디 말로 부모님을 설득했습니다.

"제가 공부로는 전국에서 5000등인데, 주변 전문가들의 말을 들어보니 랩으로는 1등을 할 수 있을 거라고 합니다. 엄마는 제가 1등 하는 아들이 되길 바라시나요, 아니면 5000등 하는 아들이 되길 바라시나요?"

어떤가요? 이후의 일은 여러분이 아시는 대로입니다. 그는 놀랍게도 자신이 작사하고 랩까지 한 곡을 실제로 빌보드 차트 1위에 올렸죠. 한국을 뛰어넘어 세계 최고가 된 것입니다.

세상에는 수많은 사람들 중에서도 유독 눈에 띄는 아이가 있습니다. 뭐든 멋지게 주도하며 자신의 일도 척척해내죠. 새로운 환경에 적응도 빠르고 아이들과도 원만하게 지내는, 그 아이들에게는 어떤 특별한 비결이 있을까요? 답은 바로 '자기표현력'에 있습니다. RM 역시 마찬가지입니다. 그가 자신의 꿈을 이룰 수 있었던 건, 어린 시절부터 자신의 생각과 감정을 글과 말로 선명하게 표현할 수 있었기 때문입니다.

자기표현력이 뛰어난 아이들에게는 2가지 뚜렷한 특징이 있죠.

1. 자신이 하고 싶은 말을 논리적으로 설명한다
2. 어떤 감정을 느끼고 있는지 선명하게 보여준다

자기표현력이 뛰어나다는 것은 단순히 말을 유창하게 하고 글을 잘 쓰는 게 아니라, '제대로', '선명하게' 자신의 뜻을 전하는 상태를 말합니다. 이것이 무엇인지, 또 아이에게 어떤 힘을 줄 수 있는지를 가장 확실하게 보여줄 수 있는 장면 하나를 소개합니다.

대문호 톨스토이가 8살 때 겪었던 일입니다. 하루는 스케치북에 토끼를 그리고 있었는데, 이상하게도 빨간색으로 토끼를 그리고 있었죠. 그걸 의아하게 생각했던 어른들은 어린 톨스토이에게 다가와 저마다 이렇게 놀리기 시작했어요.

"세상에 빨간 토끼가 어디에 있니!"

여러분이라면 어떻게 대처를 했을까요? 보통의 아이였다면 그 상황에 놀라서 울거나, 딱히 뭐라고 답하지 못하고 마음만 아파하고 있었을 겁니다. 하지만 어린 톨스토이는 이렇게 분명히 자신의 생각을 표현했어요.

**"세상에는 없지만,
제 스케치북 안에는 있어요."**

이렇게 근사하게 자신의 감정과 생각을 세상에 선명하게 표현할 줄 아는 '자기표현력'의 소유자가 되려면, 일상에서 다음 2가지를 가르치는 연습을 하면 됩니다.

1. 차이를 발견하는 눈 길러주기

음식을 먹으며 맛을 이야기할 때,

"이거 대박이네!"
"이거 존맛이네!"

이렇게 말해 주세요.

"이거 먹으니까 그때 생각난다.
작년에 이 음식 우리 처음 먹었잖아.
그때랑 지금 뭐가 다른 것 같아?"

2. 감정을 표현하는 눈 길러주기

친구와 다투고 돌아온 아이에게,

"사이 좋게 지내라고 했지!"
"그 친구랑 놀지마! 딴 친구 많잖아."

이렇게 말해 주세요.

"친구랑 다투고 마음이 많이 힘들겠네.

많이 속상하지? 어떤 마음인지 알 것 같아.

나도 예전에 세상이 무너지는 것 같았어.

네 마음은 지금 어떤지,

내게 좀 알려줄 수 있겠니?"

차이를 발견하는 눈을 통해 아이는 자기만의 논리를 갖게 되고, 감정을 표현하는 눈을 통해서 자신이 느낀 감정을 주변에 선명하게 표현할 줄 알게 됩니다. 그렇게 '자기표현력'을 가진 아이로 성장하게 되죠. 아이에게 개성이 없는 게 아닙니다. 마찬 가지로 아이에게 꿈과 목표가 없는 게 아닙니다. 다만 아이는 내 면에 잠들어 있는 개성과 꿈, 목표를 글과 말로 설명하고 표현하 지 못할 뿐이죠. 위에 소개한 2가지 방법을 일상에서 다양하게 변주하며 아이와 대화를 나누신다면, 빠르게 성장하는 아이의 모습을 만나실 수 있습니다.

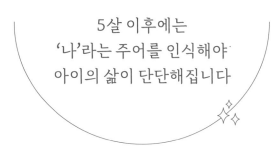

5살 이후에는 '나'라는 주어를 인식해야 아이의 삶이 단단해집니다

나약하고 도전을 망설이는 아이

늘 뒤에 숨어 있고 나서지 않는 아이

말을 제대로 이해하지 못해서 늘 관계에서 오해를 부르는 아이

부모의 마음을 아프게 하는 아이의 형태는 이렇게 다양하고 복잡하지만, 그 중심에는 이런 분명한 원인이 있습니다. 바로 '나'라는 존재를 제대로 인식하지 못한다는 사실이죠. 이유가 뭘까요?

아이가 세상에 태어나면 그 사랑스러운 모습에 감탄해서 애칭을 붙이게 됩니다. '왕자님', '공주님'이라는 평범한 애칭도 있고, 가족만 아는 특별한 애칭도 많지요. 물론 처음에는 좋습니다. 특별한 의미를 품고 있으니까요. 하지만 아이의 내면이 뿌리를 내리듯 자리를 잡아야 하는 5세 이후에는 조금 조심할 필요가 있어요. 엄밀하게 말해서 애칭은 아이 자신의 이름이 아니기 때문입니다. 가끔 부르는 건 괜찮지만, 이름보다 자주 언급하는 건 아이에게 혼란을 주죠.

위에 언급한 문제를 해결하려면, 아이가 '나'라는 주어를 인식하는 게 매우 중요합니다. 그래야 아이가 일상에서 마주치는 모든 문제를 자신을 중심에 두고 생각하고 판단할 수 있습니다. '남의 일'이 아니라 '나의 일'이 되는 것이며, 그로 인해서 남의 판단이 아닌 자신의 생각에서 나온 판단으로 일을 하나하나 해결할 수 있게 되는 거죠.

이건 생각보다 위대한 사실입니다. 아이가 비로소 하나의 생명이 되어 주체적으로 살아간다는 사실을 증명하는 사건이기 때문이죠. 방법은 정말 간단합니다. 애칭을 최대한 자제하고 그 공간을 아이의 이름으로 채우면 됩니다. 그리고 또 하나 주의할 점이 있어요. 행위의 주체인 '주어'에는 아이의 이름을 반드시 넣어서 대화를 나누는 게 좋다는 사실입니다. 아래 2가지 사례를 살펴보면 쉽게 이해가 되실 거예요.

1. 식사 끝나고 양치질을 하는 상황

"식사 끝났으면, 가서 양치질 하자."
"우리 귀염둥이, 양치질 해야지."

첫 번째는 주어가 삭제된 문장이고,
두 번째는 애칭이 주어가 된 문장입니다.
애칭을 빼고 주어(이름)를 넣어야 합니다.

"종원아 식사 끝났으면 양치질 하자."

2. 아이가 방 청소를 끝낸 상황

"열심히 청소하니까 방이 깨끗해졌네."
"우리 소중이가 열심히 청소하니 달라졌네."

첫 번째는 주어가 삭제된 문장이고,
두 번째는 애칭이 주어가 된 문장입니다.
애칭을 빼고 주어를 넣어야 합니다.

"종원이가 열심히 청소하니까,

이렇게 방이 깨끗해졌네."

주어가 없는 문장에 애칭이 아닌 아이의 이름을 주어로 넣는 것은, 가장 간단하게 아이의 삶을 바꿀 수 있는 방법 중 하나입니다. 다시 정리하자면 이렇게 3가지 변화를 순식간에 이끌 수 있죠.

1. 비로소 아이가 자신의 시선으로 주변을 인식하게 된다
2. 일상에서 동사와 목적어를 자연스럽게 사용하게 된다
3. '동사'는 '실천'을 '목적어'는 '목표'를 의미하기 때문에 자연스럽게 스스로 목표를 세우고 의욕적으로 목적이 이끄는 실천하는 아이로 성장한다

이렇게 간단한 방법으로도 아이의 삶은 순식간에 전혀 다른 방향으로 흐르게 됩니다. 애칭도 물론 좋지만 과하면 좋지 않습니다. 아이가 평생을 써야 할 건 자신의 이름이며, 내면이 자리를 잡아야 하는 5세 이후에는 꼭 위에서 소개한 방법으로 아이와 대화를 나눠 주세요.

아이의 내면과 외면의
완벽한 자립을 돕는 말

여러분도 경험하셔서 잘 아시겠지만, 어른도 낯선 무대에
서면 마음이 떨립니다. 낯선 사람을 만나거나 새로운 환경에 놓
이면 아이들 역시 두려움에 떨게 됩니다. 하지만 이런 마음을 갖
고 있는 아이는 어떤 상황에서도 두려움을 느끼지 않고 오히려
모든 낯선 상황에서 그 순간을 주도하며 당당해지죠. 바로 '자신
의 가치를 아는 마음'이 그 자신감의 핵심입니다.

자신이 잘 모르는 내용에 대한 것도 당당한 표정으로 묻고,
어떤 무대에서 누구를 앞에 두고 발표를 해도 떨지 않는 아이들
은 누구보다 강력하게 자신의 가치를 믿고 있습니다. 믿으니 어

떤 상황에서도 당당해지는 거죠. 내면과 외면의 완벽한 자립이란 결국 자신의 가치에 대한 믿음과도 같습니다. 더 분명하게 믿을 수 있다면 완벽하게 자립할 수 있죠. 아이를 그런 멋진 사람으로 성장시키고 싶다면, 일상에서 이루어지는 말을 이렇게 바꿔서 표현하는 게 좋습니다.

"넌 아직 어려서 할 수 없어."

→

"너라면 가능할 거야. 한번 시도해보자."

"그런 건 아직 너 혼자 못하지."

→

"누구나 노력하면 잘 할 수 있단다."

"내가 너한테 뭘 바라겠니?
내 손으로 직접하는 게 속 편하지."

→

"우리 한번 더 해볼래?
그럼 전보다 더 잘할 수 있을 거야."

"몇 번을 말해줬는데 아직도 몰라!"

→

"점점 더 완벽하게 알아가는 중이구나."

어떤가요? 실제로 가정에서 자주 이루어지고 있는 대화들
이죠. 이렇게 표현을 조금만 바꿔서 말해도 아이는 스스로 외면
과 내면에서 긍정적인 변화를 이끌어내기 시작하죠. 처음에는
입에 붙지 않으니 암기라도 해서 적절한 순간에 들려주는 게 좋
습니다. 최선은 아니지만, 그렇게라도 시작해야 원하는 지점에
도착할 수 있으니까요. 아이와 이런 내용을 낭독과 필사로 나누
어 주세요. 아이 스스로도 이런 말을 내면에 담는 게 좋습니다.

"나는 내 생각보다 더 잘할 수 있어.
중요한 건 더 근사한 나의 미래를
생생하게 상상하는 거지."

"사랑하는 사람을 지키고 싶다면,
나의 힘이 더 강해져야 하지.
그래야 믿음직한 손을 내밀 수 있으니까."

"앞으로 서로에게 거짓말은 하지 말자.
거짓말은 우리의 언어가 아니니까.

늘 진실하면 늘 마음이 편안해진단다."

"매일 아침에 눈을 뜰 때마다,
할 수 있는 가장 멋진 상상을 하는 거야.
좋은 미래는 그걸 부르는 자의 몫이니까."

"오늘 하루도 좋은 것만 보면서 살자.
나쁜 걸 눈과 마음에 담으면,
결국 우리의 마음만 아플 테니까."

아이를 교육하는 이유는 결국 자립을 위한 것입니다. 중요한 건 그 자립이 아이에게 행복일 수도 불행일 수도 있다는 사실입니다. 스스로의 힘으로 이룬 자립은 행복으로, 억지로 끌려가듯 이루어진 자립은 불행으로 연결될 가능성이 높습니다. 일상에서 제가 제안한 말을 자주 나누며, 행복한 스스로의 자립으로 이끌어주시기 바라는 마음을 담아 이 말을 전해드립니다.

✦

아이는 두 번 태어납니다.
부모의 사랑으로 세상에 태어나서,
부모의 말로 다시 태어나 완벽해집니다.

대화가 서툰 부모를 위한
맞춤형 6가지 식탁 대화법

자기 주도성

공부하는 시간을 방해하지 않으려고 혹은 아이에게 굳이 숙제를
내기 싫거나 미안해서, 식사 시간에 굳이 다른 요구를 하지 않는
가정이 많습니다. 물론 아이를 생각하는 좋은 마음에서 나온 것
이지만, 그런 가정에서 자란 아이들은 자기 주도성이 떨어질 가
능성이 높습니다. 아이가 꼭 하면 좋을 것들을 요구하지 않아서,
아이가 그게 무엇인지 평생 모르고 살게 되기 때문입니다. 이런
다양한 요구를 할 수 있다는 사실을 기억해 주시고, 매일 자연스
럽게 아이의 행동을 자극해 주시면 좋습니다.

"식사를 할 때는

세수 정도는 하고 앉는 게 좋지."

"즐거운 식사 시간을 원한다면,

이야기 주제를 미리 생각해서 오는 것도 좋아."

"이번 식사 시간에는
무슨 이야기를 나눌까?"

"식사가 끝나면 뭘 해야 하지?
꼭 해야 할 것은 미루지 않는 게 좋아."

행복한 가정이 아니라
행복한 개인이 먼저입니다

여기까지 책을 읽으셨다면, 이 사실을 마음속으로 깨달으셨을 가능성이 높을 것입니다. "아무리 화려한 음식이 가득하더라도, 즐거운 대화가 없는 식사는 금방 끝난다." 그럼 웃음과 지성이 가득한 즐거운 대화는 어떻게 이루어질까요? 맞아요. 다른 요인이 아닌, 행복한 부모의 삶에서 출발합니다. 부모가 각자 스스로 행복하지 않다면, 식탁의 즐거움도 기대할 수 없게 됩니다. 부모가 혼자 있어도 행복한 개인이 될 수 있어야, 가족이 함께 있을 때 식탁에서 서로에게 행복과 예쁜 말을 선물로 줄 수 있습니다. 선순환을 이루고 싶다면, 식탁에서 나누는 대화를 바꾸는 동시에 아래에 소개하는 14가지 삶의 태도를 갖는 게 중요합니다. 그래야 스스로 자신의 삶을 사랑할 수 있으며, 좋은 에너지를 가정에 전할 수도 있습니다.

1. 오늘도 좋은 일이 생길 거라고 생각하며 하루를 시작한다
2. 타인이 쓴 글을 읽으며 좋은 부분만 발견한다
3. 일상에서 불평은 없고 희망적인 부분만 찾아낸다
4. 자신을 비난하고 무시하는 말을 가볍게 스친다
5. 모두에게 좋은 사람이 될 수 없다는 사실을 안다
6. 타인의 눈치를 보지 않아서 여유가 있다
7. 자기만의 기준이 있어서 흔들리지 않는다
8. 혼란한 상황에서도 자신이 해야 할 말을 차분하게 한다
9. 필요하다고 생각할 때는 유연하게 거절할 줄 안다
10. 자신이 못하는 것보다 잘하는 걸 자주 생각한다
11. 무슨 일이든 된다고 생각하고 시작한다
12. 나쁜 말은 빨리 잊고, 좋은 말을 오래 기억한다
13. 원하는 것을 확실하게 부탁할 줄 안다
14. 한 번 해보자는 말을 자주 하며 도전한다

행복한 가정보다 행복한 개인이 우선입니다. 내가 스스로 나아지지 못하고 불행하면, 그 나쁜 에너지가 고스란히 가족 구성원에게 가기 때문이죠. 일단 되는 일이 없으니 늘 화가 나고, 화를 내서 가정 분위기가 나빠지니 또 화를 내게 되는 최악의 악

순환이 이어집니다. 그런 상태에서는 아무리 근사한 말을 배워도 실전에서 사용할 수가 없습니다. 분노한 감정이 근사한 말의 출입을 막기 때문입니다. 그래서 위에 소개한 14가지 사항을 잘 읽고, 그런 방향으로 여러분의 일상을 바꾸는 게 모두를 위해 좋습니다. 쉽게 자신의 것이 되지 않는다면, 낭독과 필사를 통해서 조금씩 익숙해지게 만드는 것도 좋습니다.

풍경화처럼 아름다운 식탁 풍경을 한번 상상해 보세요. 배우자의 장점을 아이들 앞에서 웃으며 말해주고, 아이들의 이야기를 귀담아듣는 모습을 말이죠. 단순히 그렇게 하는 것만으로도, 우리는 가장 지혜로운 교육을 실시간으로 실천할 수 있죠. 가족이 모인 식탁 풍경이 풍경화처럼 아름답다면, 따로 예술 작품을 감상할 필요도 없을 것입니다. 일상 자체가 이미 최고의 예술일 테니까요. 다시 강조하지만, 식탁은 가족에게 정말 중요한 장소입니다. 자연스러운 대화를 통해서 성장하는 행복한 개인이 될 수 있게 만들 수 있기 때문입니다. 최고의 교육 도구와 교재를 갖고 있어도 그 안에 식탁이 없다면, 그 교육과 책은 아이에게 아름답게 흡수되지 않을 가능성이 높습니다. 식탁에 올라온 음식을 즐겁게 먹으며 서로에게 예쁜 말을 들려주는 것보다, 가정을 더 행복하게 만드는 방법은 없습니다.

이제 마지막 페이지입니다. 하지만 여러분의 실천은 이제 첫 페이지를 넘기게 되겠죠. 여러분 자신과 아이를 사랑하는 마음을 잊지 않는다면, 분명 원하는 결과를 만나게 될 것입니다. 사랑은 지치지 않고 우리를 원하는 곳으로 인도해 주니까요. 그럼 마지막으로, 이것 하나만 기억해 주세요.

◆

좋은 내가 모여서,

좋은 가정이 완성됩니다.

아이의 50년을 결정하는 하루 5분 식탁 대화의 비밀

66일 밥상머리 대화법

초판 1쇄 발행 2023년 5월 26일
초판 3쇄 발행 2023년 11월 3일

지은이 김종원
펴낸이 민혜영
펴낸곳 (주)카시오페아 출판사
주소 서울시 마포구 월드컵북로 402, 906호(상암동 KGIT센터)
전화 02-303-5580 | **팩스** 02-2179-8768
홈페이지 www.cassiopeiabook.com | **전자우편** editor@cassiopeiabook.com
출판등록 2012년 12월 27일 제2014-000277호

ⓒ김종원, 2023
ISBN 979-11-6827-117-3 03590

- 잘못된 책은 구입하신 곳에서 바꿔 드립니다.
- 책값은 뒤표지에 있습니다.